KB125686

자녀를
위대하게
키우는 법

자녀를 위대하게 키우는 법

초 판 1쇄 2020년 08월 25일

지은이 류옥경
펴낸이 류종렬

펴낸곳 미다스북스
총괄실장 명상완
책임편집 이다경
책임진행 박새연 김가영 신은서 임종익
본문교정 최은혜 강윤희 정은희 정필례

등록 2001년 3월 21일 제2001-000040호
주소 서울시 마포구 양화로 133 서교타워 711호
전화 02) 322-7802~3
팩스 02) 6007-1845
블로그 http://blog.naver.com/midasbooks
전자주소 midasbooks@hanmail.net
페이스북 https://www.facebook.com/midasbooks425

ISBN 978-89-6637-832-6 03590

값 15,000원

사랑이 가득 담긴 엄마의 독설

자녀를 위대하게 키우는 법

류옥경 지음

미다스북스

프롤로그

더없이 소중하고 귀한 아이를 크게 키우는 법

25년 전 평범하고 후덥지근한 여름날이었다. 갑자기 나는 글을 써야 한다는 압박감을 느꼈다. 내 삶에서 뛰쳐나가고 싶었다. 바로 3살 된 아들 동환이와 8살 딸 진경이를 여동생에게 맡기고 집을 나갔다.

신문에서 ○○대 문창과 모집 광고를 보았던 것 같다. 무작정 차를 몰고 ○○대를 찾아갔다. 원서를 사왔던 것 같다. 지금은 아무것도 뚜렷하게 기억이 나지 않는다. 짙은 안개 속에 있다가 빠져나온 것 같았다.

내가 기억하고 싶지 않은 인생 최악의 날을 지금 써야 한다는 사실에, 노트북 자판 위의 나의 팔과 손가락이 삐걱거리며 약간 마비되는 느낌이다. 그래도 써야만 하는 이유는 이 이야기가 이 책을 써야 했던 뚜렷한 동기이기도 하기 때문이다. 그날 나는 원서를 들고 모처럼 얻은 하루 휴가를 연장하고 싶어서 이대 앞 찰리정 미장원에서 머리 파마까지 하고 오후 6시경에 집에 도착했다. 차고에 차를 대고 나오니 진경이가 옥상에서 나를 내려다보며 이렇게 말하는 것이었다.

"엄마! 동환이가!"

당시 우리는 4층짜리 상가식 주택에 살고 있었다. 우리 집은 4층이고 나는 뛰어 올라갔다. 4층 옥상에는 초록색 인조잔디가 깔린 작은 풀장이 있었는데, 아이들은 그곳에서 닌자 거북이 튜브를 탄 채 물놀이공을 가지고 놀고 있었다. 한쪽에는 미끄럼틀과 그네가 있고 다른 한쪽 끝에는 골프 연습장도 마련되어 있었다.

갑자기 안방에서 자고 있던 남편이 뛰어 올라갔다. 나는 그때만 해도 정확한 상황을 판단하지 못하고 뒤따라 옥상으로 뛰어 올라갔다. 작은 풀장 옆 초록색 인조잔디 위에 동환이가 연두색 형광빛 수영 모자를 쓰고 누워 있는데 아주 창백한 모습이었다. 남편은 동환이의 작은 코를 손가락으로 꽉 잡고 입에 인공호흡을 했다. 나는 옆에서 "왜 아이 숨도 못 쉬게 코를 막고 그래!"라고 소리 질렀다.

남편은 나에게 뭐라고 소리쳤다. 나의 귀에는 남편의 목소리가 이명처럼 아득하게 들려왔다. 나는 손에 자동차 키를 들고 거실을 서성이고 있었다. 나의 영혼은 육체 안에 머물러 있지 않았다. 막막하고 아득하여 아무 소리도 들리지 않고 먹먹했다.

"빨리 119 불러!"

화장실에서 머리를 감던 여동생이 고함소리에 놀라서 119를 불렀다.

앰뷸런스로 근처 병원에 갔다. 그곳에서 큰 병원으로 가라고 해서 이대목동병원으로 차를 돌렸다. 퇴근 시간이라 경인선이 꽉 막혀 좀처럼 앞으로 나아가지 못했다. 남편은 엄지손가락을 아이의 입 안에 넣고 있었다. 아이는 손가락과 발가락이 오그라들고 있었다. 이빨로 아이가 혀를 물어버릴까 봐 아이의 입을 벌리고 있는 것이었다. "아악!" 남편은 외마디 비명을 질렀다. 아이는 마지막 남은 용을 쓰는 중이었다.

차는 삐용삐용 소리를 내며 차선을 계속 바꾸고 앞으로 나아갔다. 차는 어느덧 이대병원 응급실 앞에 와 있었다. 응급실 안에는 술에 취해 소리 지르는 사람, 여기저기 소리치는 사람, 인턴들이 여기저기 뛰어다니며 검사를 하고 있었다. 인턴이 와서 무언가 묻고 서류에 썼다. 나는 소리를 질렀다. "아이가 죽어가는데 그딴 거부터 써야 해요! 급한 것부터 해줘야 하는 거 아닌가요?"

그제야 인턴은 위세척을 한다며 아이에게 뭘 투여하고 아이는 위 속에 있는 것을 토해냈다. 그러면서 뇌에 4분 넘게 산소 공급이 안 되면 뇌사 상태에 빠진다며 자기네 중환자실에는 산소호흡기가 다 차서 없다고 딴 병원을 알아보라고 했다. 남편은 뛰어나가더니 여기저기 전화를 했다. 우리는 다시 앰뷸런스를 타고 영등포 한강성심병원으로 갔다. 나는 뭐든 해야 했다. 빨리 주삿바늘을 사오라고 해서 아이의 발가락 10개와 손가락 끝을 주사로 찔러서 피가 나오게 했다. 응급실 의사가 나를 보더니 미개인 보는 듯한 눈초리로 쳐다봤다. 중환자실로 이동하기 전에 뭐든 해보고 싶었다. 그리고 중환자실로 이동을 했다.

중환자실의 아이 옆에서 기다리는 동안 아이는 코에 산소호흡기를 끼고 잠이 들어 있는 것 같았다. 창백한 얼굴로 숨을 쉬고 있는지 알 수 없었다. 옆 침대에는 친구들과 청평에 놀러갔다가 물에 빠져서 의식이 없는 S대생 젊은이가 누워 있었다. 물에 빠진 지 5분이 지나 뇌사 상태에 빠졌다고 했다. 벌써 3년이 지났다고 했다.

내가 얼마나 가슴이 뛰고 무서웠는지 기억이 나지 않는다. 나의 의식은 명료하지 않다. 그냥 아이 옆에서 작은 손가락을 잡고 서 있을 뿐이었다. 그처럼 무력해보기는 처음이었다.

얼마 후 나와 남편은 중환자실 복도에서 웅크리고 있었다. 우리 부부가 결혼해서 그처럼 서먹서먹해 보기는 처음이었다. 서로 말 한마디 하지 않았다. 갑자기 중환자실 간호사가 나를 불렀다. 아이가 깨어났다고 했다. 새벽 2시가 넘은 시각이었다.

"하나님, 감사합니다! 으흐흑!"

나는 그때는 믿지도 않던 하나님을 불렀다. 아이는 힘없이 눈을 뜨더니 이렇게 말했다.

"누나는?"
"누나는 여기 없지. 누나는 집에 있지."

내가 주룩주룩 소리 없이 울면서 대답했다.

"엄마가 섬 그늘에 불러줘."

나는 소리 죽여 울면서 「섬집 아기」를 부르기 시작했다. 나는 얼굴에 온통 눈물과 콧물이 뒤범벅이 된 채 작게 노래를 불렀다.

"엄마가 섬 그늘에 굴 따러 가면, 아기는 혼자 남아 집을 보다가 바다가 불러주는 자장노래에~"

내가 아이를 재울 때면 불러주던 자장가를 불러 달라고 했다. 아이는 내 손을 꼭 잡고 있었다. 금방 다시 잠이 들었다.

그러나 그것이 끝이 아니었다. 아이의 폐에 물이 찼다고 했다. 그래서 오랫동안 입원하며 치료를 해야 한다고 했다. 시댁 식구들이 들이닥쳤다.

"세상에 어렵게 얻은 아들을…. 뭐 하다가 애 하나 못 보고, 애를 이 꼴을 만들어!"

우리 시댁은 15대 종갓집이다. 딸 낳고 5년 만에 아들 낳게 해달라고 시어머니랑 매일 절에 100일 기도를 하러 다녔다. 그렇게 얻은 아들이 동환이였다.

그런데 그 아들을 잃을 뻔한 것이었다. 우리 부부는 한 달이 넘도록 필요한 말만 했다.

"내가 있을게. 들어가!"

"아니야, 내가 있을게. 들어가 쉬어!"

남편과 나는 영혼 없는 말만 하고 서로 쳐다보지도 않았다. 그냥 스쳐 지나갔다. 그랬다. 우리 부부는 누구보다 사이가 좋아서 동네 사람들이 보면 남부끄러울 정도로 손을 잡고 다녔다. 시누이들과 큰 동서에게 시샘을 받던 부부였는데 가장 서먹한 사이가 되었다. 그것이 참을 수 없이 슬프지는 않았다. 아무 느낌이 없다는 것이 슬펐다.

한 달 반이 넘은 후, 아이를 데리고 퇴원 수속을 마친 남편이 아버님 산소에 가자고 했다. 말없이 아이를 안고 차 뒷좌석에 앉았다. 산소에 가보니 조상님들 묘를 소가 짓밟아서 잔디가 다 뭉개지고 흙이 여기저기 흉하게 파여 있었다. 가지런히 잘 정돈되어 있던 산소가 엉망진창이었다. 조금 있다가 묘지기 아저씨가 왔다. 자기네 소를 나무에 매놓았는데 풀려서 그렇게 되었다며 자기가 책임지고 다시 해놓겠다고 했다. 그러면서 한 달 반 전, 자기 모친이 돌아가셨다고 했다. 언제냐고 하니, 동환이가 물에 빠진 날이었다. 나도 모르게 소름이 쫙 끼쳤다. 우리 부부는 말없이 서로 얼굴을 바라봤다. 아버님 산소에 절을 하고 산을 내려왔다.

나에게 아이들, 진경이와 동환이는 나의 소중한 생명이다. 나의 소중한 목숨이다. 그랬기에 더욱 가르치고 또 가르치려고 노력했다. 그 아이들은 나에게 맡겨진 소중한 생명체였다. 나는 산소에서 조상님들께 감사의 절을 하고 내려오며 소명의식을 느꼈다. '다시 얻은 소중한 나의 생명을 잘 키우겠습니다.' 나는 그렇게 말했다. 소중한 아들 동환이는 내 옆에서 숨만 쉬고 살아만 있어 줘도 나는 행복할 터였다. 그럼에도 불구하고 나는 동환이를 잡초처럼 기르려고 노력했다. 왜? 소중하니까, 더없이 소중하고, 귀하니까. 나는 그렇게 나의 사랑을 숨기고 그 아이를 더 엄하게 기르려고 노력했다. 그래야 될 것 같았다.

내가 표현하지 않아도 아이는 스스로 자신이 엄마에게 아주 소중한 존재라는 걸 직감으로 알았다. 동환이는 입도 까다롭고 아무거나 먹지도 않았다. 그럴수록, 나는 더욱 나의 사랑을 숨기려고 노력했다. 동환이를 더욱 엄격하게 대하려고 노력했다. 사실 별 소용이 없었지만 나는 그렇게 하기로 했다. 남편은 절대 아이들을 야단치지 못했다. 마음이 약한 사람이기도 했지만, 트라우마를 가진 채 살아왔기 때문이다.

동환이가 대학을, 4년 전액 장학생으로 붙자 남편은 또 산소에 가자고 했다. 남편은 처음으로 "나에게 그동안 수고했어! 정말 고마워!"라고 말하며 떨면서 내 손을 꼭 쥐었다. 그 좋아하던 술 담배를 딱 끊었다. 아들과의 약속이라면서 말이다. 우리는 다시 태어났다. 아이들의 존재가 우리 부부의 축복이고 보람이었다.

그날 밤, 우리 부부는 그해 여름, 우리 집 옥상 수영장에서의 일을 잊었다. 남편과 두 손을 꼭 잡고 감격에 겨워 밤을 꼬박 샜다. 그렇게 행복에 겨워 잠을 못 이루기는 처음이었다. 그 후, 우리 부부는 크리스천이 되었다. 원주 원씨 가문의 15대 종부였던 어머님도 기독교로 개종하고 돌아가셨다.

이 책을 쓰기 위해 나는 42년을 기다렸다. 글을 쓰고 싶다는 나의 열망이 지금 이렇게 실현되고 있다. 지금은 42년 동안 인내해온 나의 오랜 소망이 이루어지는 순간이다. 참으로 고맙고 감사한 일이다. 이 감격을 나의 사랑하는 남편과 사랑하는 딸 진경, 나의 생명과도 같은 아들 동환이와 함께하고 싶다!

나는 언제나 나의 등 뒤에서 늘 나의 편이 되어준 남편이 있었기에 늘 당당하고 자신 있게 살아왔다. 나도 남편과 아이들에게 그런 존재가 되고 싶다.

사랑합니다. 고맙습니다.

원진경의 유튜브

목 차

2장 최고의 컨설턴트는 엄마이다

3장 더 크게 더 멀리 보고 가르쳐라

4장 자녀를 위대하게 키우는 8가지 방법

5장 행복한 엄마가 행복한 아이를 만든다

1장

자녀교육은
최고의 재테크이다

노후가 편하려면 자녀교육에 성공하라

창밖의 연초록 이파리들이 햇빛을 받아 반짝거리고 있다. 나는 바람이 연둣빛 이파리들을 살랑살랑 흔들어대는 창가에 앉아서 이 글을 쓰고 있다. 엄마는 이불을 뒤집어쓰고 낮잠을 주무시고 있다. 알 수 없는 외마디 소리를 치다가 헉 하고 깨어나셔서 이불을 훽훽 털어내신다. "모기가 있어. 모기가 물어." 봄에 웬 모기가 있다고…. 엄마는 뭐가 자꾸 문다고 소리를 지르시며 계속 주무신다. 우리 집에 오시면 방에 들어가서 주무시라고 해도 절대 방으로 들어가지 않고 꼭 소파에서 주무신다.

88세가 되신 엄마가 초기 치매에 걸리신 지 5년이 되었다. 세브란스 담당의는 자녀분들이 너무 관리를 잘해주셔서 엄마의 치매는 계속 처음 상태를 유지하고 있다고 하셨다. 처음에 엄마가 치매라고 진단을 받았을 때 동생들은 엄마가 금방이라도 돌아가시는 줄 알고 곡소리를 냈다. 빨리 돌아가실까 봐 돌아가면서 해외여행을 모시고 다녔다. 엄마가 병이 나실 정도로 여행을 모시고 다니며 호들갑을 떨었다. 자식들 뒷바라지를 하시느라 고생만 하셨던 엄마에게 우리 형제들은 늘 애틋한 연민을 느낀다. 엄마가 편안한 노후를 보내시기를 항상 기도했다. 엄마는 매일 장롱을 뒤져 옷가지들을 방바닥에 다 쏟아놓고 통장을 누가 가져갔다고 하셨다. 하루에도 10번씩 전화를 하셨다. 처음에는 감쪽같이 속았다. 자식들한테 폐 끼치지 않으려고 전화 한 번 안 하시던 엄마였다. 세브란스병원 모시고 가서 자기공명영상(MRI) 촬영을 해보고 치매 진단을 받게 되었다.

치매약을 드시고 난 후 모든 증상이 완화되었다. 그러나 예전의 엄마를 다시 찾을 수는 없었다. 그것이 나는 몹시 서운하다. 우리는 조금 좋은 일이 있어도 엄마, 조금 안 좋은 일이 있어도 엄마였다. 엄마는 늘 좋은 일은 2배로 좋아해 주시고 안 좋은 일은 '건강하기만 하면 다 산다.'라며 넘어가셨다. 항상 그러셨다. "건강하기만 하면 된다.", "돈은 있다가도 없고 없다가도 있단다.". "너희는 다 잘될 거다. 아이들을 잘 키웠잖니?" 나는 지금 엄마가 옆에 계셔도 엄마가 그립다.

엄마는 인천의 염전 집, 딸만 6명인 집의 장녀였다. 엄마는 동생을 업고 소학교를 다니셨다고 했다. 몸무게가 44kg밖에 안 나가는 엄마가 주무시는 걸 본 적이 없었다. 딸 5명, 아들 2명을 혼자서 키우셨다. 정말 열심히 사셨다. 밭에 나가 고추를 두 자루씩 따서 목이 비틀어지도록 머리에 이고 푸른 새벽 기차역으로 가셨다. 어슴푸레한 새벽안개 속으로 엄마가 사라지고 나면, 철없는 나는 돌아섰다. 그러면서 나에게는 항상 비싼 양화점 구두를 맞춰 주셨다. 학생 코트도 시내의 양장점에서 맞춰주셨다. 나는 세일러 칼라의 여고생이 되고 싶었던 엄마의 꿈을 대신 이루어주고 있었는지 모른다.

내가 초등학교 다닐 때였다. 그 시절은 어린이회장 선거에 남학생만 나가는 분위기였다. 그런데 내가 전교 어린이회장에 당선되었다. 엄마는 토종닭 한 마리를 삶으셨다. 그리고 찹쌀떡을 만들어 학교 교무실로 이고 가셨다. 과수원에서 복숭아도 한 상자 따서 머리에 이고 교무실로 가져가셨다. 나는 그것이 그렇게 창피하고 싫었다. 남루한 엄마의 행색이 싫었다. 엄마는 맏딸인 나한테만 그러신 것이 아니었다. 일곱 남매를 정말 최선을 다해 키우셨다.

59세에 아버지가 간경화로 돌아가시고 모든 생계는 엄마의 책임이었다. 안산이 막 개발되고 있던 시절이었다. 논과 밭, 과수원은 아파트와

공장 때문에 모두 없어지고 있었다. 엄마는 신축 아파트 계단에 시멘트 닦는 일을 하셨다. 우리 형제들은 아무도 그 일을 몰랐다. 동생들은 그때 대학교, 대학원생들이었다. 엄마는 집에 돈이 없으니 아르바이트를 해서 학비를 벌라는 말을 한 번도 하지 않으셨다.

여동생은 일본 유학을 갔다. 엔화가 가장 비싸던 시절이었다. 엄마는 자식들에게 한 번도 힘들다고 하지 않으셨다. 자식들이 공부 열심히 해서 대학을 가고 대학원 가는 걸 내심 자랑스러워하셨다. 안산에서는 그때만 해도 거의 근처 중학교만 보냈다. 맏아들만 가르쳤다. 좀 더 교육열이 있는 분들은 시내의 고등학교를 보내는 것이 다였다. 50년 전에는 그것도 잘 가르치는 것이었다.

한창 안산시가 개발되기 시작하면서 땅들을 정부에서 사들이기 시작했다. 동네 사람들에게 큰돈이 갑자기 생기자 그 자녀들이 사업을 한다고 집안의 돈을 가져갔다. 한 집, 두 집, 모두 망했다. 한두 집 정도만 그나마 괜찮았을 뿐, 나머지는 모두 망했다. 큰 기와집에서 평화롭게 살던 동네 아줌마, 아저씨들은 모두 아파트 신축 공사장 인부로 일하러 다니셨다. 그야말로 조세희의 소설『난장이가 쏘아올린 작은 공』에 나오는 장면이었다.

자녀들은 몇 년 안 되어 모두 망해서 택시 운전을 하고 트럭 운전을 했다. 조금 형편이 나은 친구들은 식당을 했다. 물론 직업에는 귀천이 없다. 자신의 직업에 자긍심과 소명의식을 가지고 행복하게 산다면 말이다. 그러나 당시 대부분 동네 사람들은 그렇지 않았다. 지금 80대 후반에서 90대 초반이 되신 동네 아주머니 아저씨이던 그들의 노후가 왜 비참하게 되신 것일까? 고래등 같은 기와집에서 풍요롭게 잘살던 그들의 노후가 왜 그렇게 되신 것일까? 이것이 현실이다. 돈이 생겨도 그 돈을 늘리고 지킬 지식과 지혜가 없다면 잃는 것은 한순간이다.

엄마가 그렇게 사신 덕분에 우리 7남매는 부러울 것 없이 잘살았다. 엄마가 열심히 가르치신 덕분에 7남매는 모두 서울에서 아파트를 가지고 똑똑한 직장을 가진 중산층이 되었다.

나는 지금까지 우리나라의 발전은 엄마들이 만든 기적이라고 생각한다. 자식만큼은 나처럼 고생하며 살지 않게 하려고 생명줄 같은 논과 밭을 팔아서 아들을 서울로 올려보내 공부시킨 엄마들이 만든 기적이다. 그렇게 열심히 공부시켜 훌륭한 인적 자원을 많이 만들어준 덕분에 대한민국의 경제가 발전했다고 생각한다.

요즘 코로나가 세상을 잠식해버렸다. 세계적인 재난이다. 이 와중에도 우리나라는 선전하고 있다. 처음에는 중국에서 시작한 코로나가 우리나라에서 급속히 증가했다고 연일 TV 신문에서 요란하더니 지금은 세계적으로 제일 컨트롤을 잘한 나라라는 자긍심을 가지게 되었다. 나는 그것도 교육열 덕분이라고 생각한다. 열심히 공부시켜 자식을 우수한 세계적 인재로 만들려고 노력했던 엄마들이 받아야 할 칭찬이라고 생각한다.

요즘 강남 요지에 작은 아파트 한 채 장만하려면 15~20억이 든다. 집만 있으면 잘사는 것일까? 내 친구 중에 "공부 못하면 빵집이나 하나 차려주지. 아파트 한 채 사주고 빌딩 임대료 받고 살게 하면 되지."라고 말하던 친구가 있었다. 그러나 갑자기 사업에 투자했던 것이 잘못되어 모두 날아가버렸다. 그 많던 빌딩과 아파트 몇 채가 날아가버리고 그 친구는 열심히 가르치지도 않았던 자녀들의 도움을 받게 되었다. 나는 그 친구가 늘 안타까웠다. 다른 곳에 돈 쓰고 다닐 시간에 자녀교육을 열심히 했다면 지금은 훨씬 나은 생활을 하고 있을 것이라고 생각한다.

자녀교육이란 우수한 성적표와 명문대 졸업장만을 의미하는 것만은 절대 아니다. 인생을 살아가야 하는 모든 지혜와 지식이나 지침 같은 것을 총망라한 것이 교육이라고 말하고 싶다. 나의 어머니가 하셨던 방법이 꼭 옳은 것만은 아니다. 요즘 엄마들은 훨씬 많이 배웠고 훨씬 글로벌한 정보화 시대에 살고 있다. 똑똑한 엄마들이 자녀들을 더 똑똑하게 잘 키울 것이다. 자녀가 편안하게 살아야 노후가 편안하다. 자녀가 불행하게 살고 있다면 노년의 나도 불행할 것이다.

내 아이가 이 세상에 나가 자기가 하고 싶은 일을 하며 경제적으로 쪼들리지 않고 행복하게 살기를 바랄 것이다. 부모의 마음은 다 그러하다. 그렇다면 자녀가 원하는 일을 할 수 있도록 도와주어야 한다. 그것이 교육이다. 자녀가 행복해야 나의 노년도 편안하고 행복할 테니.

자녀교육은 최고의 재테크이다

오바마 미국 대통령은 한국이 40여 년간 엄청난 성장을 할 수 있었던 것은 교육의 힘이라고 말했다. 40여 년 전 한국은 세계 극빈 국가 중의 하나였다. 한국은 필리핀의 원조를 받던 나라였다. 하지만 지금은 세계 11위의 경제 선진국 반열에 올라 있다. 오바마 대통령은 이명박 대통령을 만난 자리에서 한국의 교육 정책에서 가장 큰 과제는 무엇인지를 물었다고 했다. 그리고 어느 날, 흑인 빈민가의 고등학교를 방문해서 교육의 중요성을 강조했다고도 한다. 그는 계층을 뛰어넘을 수 있는 출구는 자녀교육이라고 했다. 그 자신이 그랬듯이.

나도 그렇게 생각한다. 교육은 계층을 뛰어넘을 수 있는 출구이다. 연예인들이 성공하면 스타라는 수식어를 붙인다. 그야말로 별을 땄기 때문이다. 그만큼 현대사회에서 계층 간의 이동이 어렵다. 특히 선진국으로 갈수록 더욱 힘들어진다. 기득권층은 더욱 견고히 자기들의 영역 안으로 들어오지 못하도록 장벽을 쌓는다. 교육은 어느 정도의 불평등을 해소해 줄 수 있는 계단이라고 생각한다.

그래서 우리나라 아빠들은 부인과 자녀들을 유학 보내고 기러기 아빠로 혼자 살아가는 것을 감수해왔다. 한때 TV나 신문에 많이 이슈화되었는데 지금은 조금 뜸해진 것 같다. 금융위기 이후 미국에서 돌아온 유학생이 참 많았다. 나 역시 진경이가 독일에 유학하고 있을 때 1년에 2번씩 가서 한 달씩 지내다가 오곤 했다. 남편은 아주 좋아했다. 20년 같이 살면서 누리지 못했던 자유를 누려볼 생각이었을 것이다. 그러나 막상 다녀오니 남편은 추레한 중년 남자의 모습으로 공항에 나타났다. 실망스러웠지만 반갑게 포옹했다. 아들과 함께 잘 지내준 남편이 고마워서였다.

남편의 사업이 기울었을 때, 아이들에게 신세를 지게 되었다. 아이들의 도움이 없었다면 지금 있는 재산은 모두 은행에 넘어갔을 것이다. 금융위기가 오고 우리 집은 남편 사업의 대출로 이자가 매월 1,500만 원이 넘게 나갔다. 나는 아들딸을 불러 앉혀놓고 통장들을 탁자에 꺼내놓고 말했다.

“우리는 더 이상 부자가 아니다.”

“지금까지 우리 셋이 아빠 한 사람 뜯어먹고 살았으니 이제는 우리가 도와드릴 차례야.”

나는 아주 세게 말했다.

“나도 나가서 한 달에 100만 원이라도 벌어볼게. 너희도 아빠를 위해서 돈을 벌도록 하자.”

진경이는 독일 유학 중이었는데 여름방학이라 집에 와서 쉬고 있었다. 독일은 원래 학비가 없었지만, 잠깐 생긴 적이 있었다. 진경이가 전액 장학금을 받은 것이었다. 동환이는 막 대학에 들어간 신입생이었다. 동환이도 4년 전액 장학생으로 들어갔기 때문에 학비가 들지 않았다. 동환이와 진경이는 5살 차이이다. 동환이는 나이는 어리지만 늘 어른인 척했다. 대학에 들어갔으니 실컷 놀아보려던 동환이는 비장하게 대답했다.

“알겠어요. 나한테 과외 시킬 학생 하나만 소개해주세요.”

그래서 앞 동 혁수네 두 아들을 가르치게 되었다. 진경이는 내 말이 끝나기도 전에 머리를 감더니 이렇게 말했다.

"엄마, 나 압구정동 연습실에 내려 주세요."

친구 M이 하는 연습실이었다. 길게 젖은 머리를 고무줄로 질끈 동여매더니 첼로를 등에 메고 밖으로 나갔다. 나는 아무 말 없이 진경이와 잠실종합운동장 앞을 지나 올림픽대로에 들어섰다. 진경이는 압구정동 첼로 연습실에 도착할 때까지 말이 없었다. 내려주고 바로 집으로 돌아왔다.

그리고 몇 년이 흐른 후 이렇게 물어보았다.

"그때 왜 아무 말도 없었니? 아빠가 밉지 않았어?"
"아빠는 우리에게 더이상 해줄 수 없을 만큼 다 해주셨어요. 이젠 더 안 해주셔도 충분해요. 우리 둘이 벌면 되니까요. 이제 우린 잘될 일밖에 없어요, 걱정하지 말아요."

나는 눈물이 흘러 창밖으로 고개를 돌렸다. 뿌옇게 한강이 흔들거렸다.

그렇게 우리는 위험한 고비를 넘겼다. 2년을 잘 견디니 남편의 사업도 조금씩 좋아지기 시작했다. 사업이 어느 정도 자리를 잡자 아들은 과외를 그만두었다.

우리 집 경제 상황이 나빠졌다는 말을 아이들에게 한 것을 남편은 싫어했다. 특히 딸 진경이가 맘 편히 공부할 수 있게 놔두지 왜 말했느냐고 했다. 나는 아니라고 했다. 가족 모두 알고 합심해서 이 상황을 이겨나가야 한다고 했다. 아이들은 합심해서 절약하고 아르바이트를 하면서 같이 해결해갔다. 그 덕분에 아이들이 빨리 철이 들었다. 진경이가 첼로 연습실에 갔을 때, 선화예중 학생이 옆방에서 연습하고 있었다. 그 아이가 지금 독일 쾰른 음대에서 공부하고 있는 H였다. 음정 박자를 틀리는데 너무 열심히 하기에, 그때 진경이가 오라고 해서 그냥 가르쳐주었다. H의 엄마가 그걸 보고 너무 잘 가르치니까 H를 계속 레슨해줄 수 없느냐고 했다. 자기가 이 세상에서 가장 사랑하는 아빠의 회사가 위험하다는데 진경이가 얼마나 열심히 가르쳤겠는가!

진경이가 가르치는 것을 보고 옆에서 보고 있던 엄마들이 자기 아이도 가르쳐 달라고 했다. 진경이는 독일에서 유학 생활을 하며 방학 때마다 들어와서 학생들을 레슨했다. 진경이는 가르치는 것이 자기 적성에 맞다며 즐거워했다. 진경이가 가르친 아이들이 원하는 학교에 전원 합격을 하였다. 그때부터 진경이는 입시 강사로 소문이 났다.

나는 어려운 상황이 지나자 마음이 변하였다. 진경이가 레슨을 그만하고 연습만 열심히 하기를 바랐다. 그래서 규모가 큰 국제 콩쿠르 같은 곳에서 입상하기를 바랐다. 꼭 1등이 아니어도 좋았다. 광고 효과가 있을 만한 꽤 큰 콩쿠르에서 입상을 한다면 빨리 클 수 있는 지름길이 될 것 같았다. 진경이는 생각이 달랐다.

"엄마, 이것도 사회생활이에요. 학생들과의 약속도 있고요."

그러면서 자꾸 콩쿠르보다 레슨에 치중하는 것이었다. 지금은 무엇이 옳았는지 잘 모르겠다. 힘들어도 진경이에게 말하지 않았다면 큰 콩쿠르에서 입상했을까?

"난 지금 만족해요, 엄마. 나이가 들어도 계속 늘 거예요. 전 지구력이 있잖아요. 한 계단 한 계단 올라가고 있을게요."

확신에 차서 이렇게 말해주는 진경이가 자랑스럽다. 지금은 연세대학교 강사로 나가고 여기저기 실내악 연주도 하고 있다. 1년에 2차례씩 독주회도 하고 있다. 얼마나 기특하고 대견한가. 독일에 가서 열심히 공부하지 않고 그럭저럭 지내다 왔으면, 연애나 하다 왔으면 어쩔 뻔했나. 나는 연세대와 JK MUSIC학원으로 출근하는 진경이 뒤에 대고 "잘 다녀와." 하며 기쁘게 외친다.

어느 날, 시어머니 제삿날이라서 반월의 산소로 가는 차 안에서 남편에게 물은 적이 있다.

"진경이가 첼로를 안 하고 내가 그렇게 극성스럽게 시키지 않았다면 우린 지금 훨씬 잘살고 있지 않을까?"

그러자 남편이 1초의 망설임도 없이 이렇게 말했다.

"그럼 더 크게 망했겠지."

나는 하하 웃었다. 그러면서 속으로는 남편이 고마웠다. 돈 달라고 하면 한마디도 하지 않고 통장에 바로바로 넣어주었던 남편이다. 그런 남편이 어려워지자 원망하며 몇 년을 지냈다. 어느 날 문득 '나는 아직 가지고 있는 것들이 많다'는 생각이 들었고 없어져버린 것에 집중하는 대신 가지고 있는 것에 집중하기로 했다. 남편의 좋은 점들을 생각해보았다. 남편에게 고마웠던 일들을 기억해냈다. 셀 수없이 많았다.

잠들기 전에 "사랑해."라고 조그맣게 말했다. 잠든 줄 알았던 남편이 내 손을 꼭 쥐며 "나도!"라고 말했다. 내 안의 깊은 곳에 잠들어 있던 신뢰와 사랑이 따뜻하게 올라오는 것을 느꼈다. 따뜻하고 고마운 감정이었다. '그래, 나는 아직 가지고 있는 것이 아주 많아!' 무엇보다 우리 식구 4명이 건강하였다. 얼마나 감사한가!

그렇게 우리는 어려운 시절을 잘 견디고 지금에 이르렀다. 이제는 매일매일 편안하고 행복하다. 자녀를 재테크 개념으로 본다면 정말 인간적이지 않을지도 모른다. 내 경우에 돈은 여기저기 분산투자를 해놓았어도 운이 안 좋아지니 동맥경화가 걸린 것처럼 모두 막혀버렸다. 그러나 자녀들 몸속에 넣어준 자산은 뺏길 수가 없다. 자식 덕분에 잘산다는 것이라기보다 자식 덕분에 노후가 든든하고 마음이 편안해졌다는 것이다. 나는 그래서 자녀교육은 현명한 재테크라고 생각한다.

스펙보다
인성이 우선이다

『하버드 부모들은 어떻게 키웠을까』에 나오는 아이들은 모두 어려운 환경 속에서도 어머니의 지극한 정성으로 훌륭하게 자랐다. 그들의 어머니들은 '인성교육'을 첫 번째로 중요하게 가르쳤다. 몸에 나쁜 음식을 비싼 그릇에 예쁘게 담는다고 보약이 되겠는가! 안 좋은 씨를 뿌려놓고 좋은 열매를 거두기 바라는 농부가 있단 말인가! 나는 인성 면에서는 아주 단호하게 혼을 냈다. 5살부터 일일 학습지를 시켰다. 선생님이 1주일에 한 번씩 오시니까 아이들이 싫어했다. 숙제를 하지 않았을 때는 더욱 그랬다. 선생님이 오실 때 폴더인사를 하지 않으면 사정없이 혼냈다. 가실 때에도 현관문 앞에서 폴더인사를 하지 않으면 혼냈다. 한번은 진경이가 아주 재미있는 〈미운 오리 새끼〉라는 디즈니 영화를 보고 있었다. 도

우미 아주머니가 청소기를 거실에서 돌렸다. 30년 전에는 청소기 소리가 심하게 컸다. 부엌에서 "아유, 목소리가 안 들리잖아아!"라고 앙칼지게 말하는 진경이의 목소리가 들렸다. 나는 바로 TV를 껐다. 그리고 자기 방으로 데리고 들어갔다. 어릴수록 빨리 옳고 그름을 가르쳐야 한다. 그 후로 진경이는 다시는 그런 일이 없었다.

동환이는 아침에 일어나는 것을 항상 힘들어했다. 그러니 아침에 깨우는 것이 여간 힘든 일이 아니다. 아침부터 기분 나쁘게 하루를 시작해야 하는 날이 잦아졌다. 하루는 그냥 깨우지 않았다. 당연히 일어나서 징징거리기 시작했다. 그렇다면 학교에 가지 말라고 했다. 학교에 가서 공부만 잘하는 자식은 필요 없다. 인성이 안 좋은 아이는 커서도 사회에 안 좋은 영향을 끼친다고 단단히 혼을 냈다. 정말 학교를 보내지 않으려고 했다. 물론 방에 들어가서 담임 선생님께 전화했다. 늦게 일어났으니 더 혼내주시라고 했다. 남편은 한 번도 내가 아이들을 혼낼 때 참견한 적이 없다. 물론 속은 상하지만 참았을 것이다. 본인도 부모님께 한 번도 혼난 적이 없다고 했다. 나는 자주 혼나며 자라서인지 아이들한테 야단칠 때는 무섭게 혼을 냈다.

재작년 가을 진경이 첼로 독주회 때였다. 독주회가 끝나고 예술의 전당 로비에서였다. 남루한 옷차림을 한 아가씨가 진경이 옆에 가서 인사를 했다. 손님들이 진경이와 인사를 하기 위해 기다리는데 몇 분 동안 이야기를 했다. 나중에 들어보니 첼로를 너무 배우고 싶은 학생이었다. 자기는 돈이 없어서 목욕탕 청소도 하고 다른 일도 하며 돈을 모은다고 했다. 너무 잘하신다고 자기를 좀 가르쳐줄 수 없느냐고 했다. 진경이는 오라고 했고 몇 년을 그냥 가르쳐주었다. 진경이는 가난하고 돈이 없는 학생은 그냥 가르쳐준다. 재능이 있으면 돈을 받지 않고 가르치는 것도 즐겁다고 했다. 클래식 음악계에도 이런 선생님을 어렵지 않게 만날 수 있다. 그러니 무조건 경제적으로 어렵다고 포기하지는 말자.

내가 아주 어렸을 때였다. 철길을 따라 10여 리를 걸어서 이모네 간 적이 있었다. 지금은 캐나다에 살고 있는 이종사촌 동생이 놀러와서 갔을 것이다. 10여 리를 걸어서 찾아간 이모 집에 이종사촌 동생들 3형제가 있었다. 우리를 보고 인사도 안 하고 멀뚱멀뚱 쳐다만 보고 있었다. 우리 둘이 얼마나 민망했는지 모른다. 나는 지금도 그 생각이 난다. 왜 왔느냐고 했다. 그래서 옛말에 꼬마 손님이 더 무서운 거라고 했다. 셋째 이모네는 형편이 넉넉하지 않았다. 그래도 항상 긍정적이고 너그러운 이모였다. 나는 눈치도 없이 셋째 이모네 놀러 가서 이모와 이모부 사이에 끼어서 잠을 잤다. 부자로 잘사는 다른 이모보다 어린 마음에도 셋째 이모네가 마음이 편해서였다. 셋째 이모는 아들들을 자애롭게 키우셨다. 세 아들 모두 명문대 나와서 대기업 중역으로 살고 있다. 큰아들은 캐나다 이민을 갔다. 인품도 아주 훌륭한 중년의 신사가 되었다. 어려서부터 옳고 그름의 기준을 세워주는 것은 아주 중요하다. 그것이 부모가 할 일이라고 생각한다. 아이들은 부모가 항상 하는 행동들을 보고 따라 한다. 그냥 모방하면서 자신의 인생의 규칙들을 정해 나간다. 우리 아이들은 이제 다 커서 내가 친구들에게 잘못하는 것들을 지적한다. 그러면 나는 한편으로는 흐뭇해진다.

'내가 자식을 잘 키웠구나!'

요즘은 자녀들을 낳지 않는 딩크족이 많다고 한다. 낳는다고 해도 한두 명 정도이다. 그러다 보니 그 아이들이 너무나 소중할 수밖에 없다. 그러니 공부 하나만 잘하면 모든 것이 용서되는 세상이 되었다. 공부만 잘하면 착한 아이가 되는 것이다. 지금은 그러한 편견이 이 사회에 팽배해 있다. 아이라서 크면 좋아지겠거니 생각하고 넘어가면 안 된다. 어릴 때 바로잡아 놓아야 커서도 인품 좋은 어른으로 성장한다. 미국의 케네디 가의 어머니 로즈 케네디 여사도 그 자리에서 바로 혼내고 가르쳤다고 한다. 『케네디가의 가정교육』에는 옆에 있는 옷걸이를 던진 적도 있다고 쓰여 있다.

『유대인 엄마는 회복 탄력성부터 키운다』의 사라 이마스는 첫 장에서부터 마지막 장까지 줄곧 유대인들의 '인성교육'을 최고로 꼽았다. 세 아이를 모두 세계적인 대부호로 키워낸 사라 이마스는 아이들이 어려서부터 남을 돕는 훈련을 시켰다. 본인 자신도 '항상 인재가 되는 것보다 사람이 되는 것이 더 중요하다'고 했다. 그녀는 자녀교육의 핵심은 '사랑'이고 부모에게 사랑받지 못하는 아이들은 인격이 온전히 형성되지 못한다고 했다. 또한 '반대로 사랑이 너무 과하면 아이가 독립적으로 살아갈 수 없다. 그러니 부모의 사랑을 반은 감추고 반만 표현해야 한다'고 강조하고 있다.

아들 동환이가 4살 때 우리 집 옥상에 만들어놓은 수영장에 빠져서 죽을 뻔한 일이 있었다. 지금도 나는 그때 일을 기억하고 싶지가 않다. 그렇게 한 번 더 얻은 아들이다. 그런 귀하고 귀한 아들을 야단치고 싶겠는가! 그냥 내 옆에서 건강하게 살아만 있어줘도 행복한 아들이다. 그렇지만 나는 속으로 사랑의 절반은 삼켰다. 그리고 진경이나 동환이를 똑같이 야단치고 똑같이 엄격하게 대했다. 동환이는 나를 아주 무서워했다. 회초리를 들었다. 너는 무엇 무엇을 잘못했기 때문에 매를 맞아야 한다며 "엉덩이 몇 대 맞을래?"라고 물었다. 동환이는 아주 겁이 많았다. 그래서 절대로 맞을 만한 짓을 하지는 않았다.

예의범절이나 에티켓 공부 등을 아이들한테 가르치는 일은 내가 전담

했다. 지금은 그럴 일이 없지만 애들 키울 때는 정말 내가 악마 같다고 생각할 정도였다. 고무장갑을 끼고 애들 방에 대고 고함을 쳤다. "숙제해라! 공부해라! 학원 갈 시간이다! 빨리 나가라!" 일하다가도 학원 시간이 되면 바로 고무장갑을 벗고 애를 학원에 데려다주고 왔다. 항상 아이의 학원 시간 계획표를 들고 다녔다. 엄마들 얘기를 들어보니 나만 그런 것이 아니었다. 그때는 엄마들 모임에도 잘 나가지 않았다. 동환이가 대학을 합격하고 나서 모임에 나가기 시작했다. 모든 것은 아이들 스케줄에 따라 움직였다. 대부분의 엄마가 나처럼 한다. 아니 나보다 더한 사람도 많다.

아무리 귀하고 귀한 아이도 인사를 잘해야 한다. 인사는 예의범절의 가장 으뜸이다. 우리 위층에 사시는 사모님은 아파트 전체에서 모르는 분이 없을 정도로 인자하시고 많이 베푸시는 분이다. 매주 절에서 가져왔다며 떡이나 과일을 돌리신다. 그분들의 늦둥이 아들이 동환이와 같은 또래다. 그 청년은 매우 다이나믹하고 키도 크고 잘생긴 청년이다. 위층 사모님은 늦게 얻은 막둥이한테 한 번도 공부하라고 해본 적이 없다고 하셨다. 그냥 너 하고 싶은 대로 하라고 한다는 것이다. 아이가 길거리 농구에 빠져 지냈다. 그런데 운동도 이것저것 다 해보더니 지쳤는지 고 3 때 공부를 해야겠다고 하더란다. 이미 때는 늦은 감이 있었다. 공부는 참견하지 않으셨다. 그러나 예의범절만큼은 단호하셨다. 먼 곳에서 봐도 큰소리로 인사를 한다. 경비 아저씨한테도 제일 인사를 잘하는 예의 바른 젊은이였다. 그런 사람은 커서 행복한 성공자가 될 거라고 생각한다. 지금 그 청년, 재원이는 변리사와 변호사 공부를 하고 있다. 당연히 될 거라고 생각한다. 재원이 아빠가 세계적으로도 유명한 변리사이다. 훌륭한 부모 밑에서 훌륭한 자식이 나온다. 위층 사모님은 항상 모범이 되어 베풀고 평생 근검절약하시는 모습을 보이셨다. 자식이 그렇게 자라는 것은 당연한 일이다.

독일의 자녀교육의 평전으로 불리는『칼 비테 교육법』의 저자 칼 비테의 아버지도 칼 비테가 어렸을 때부터 '인성교육'을 제일 중요하게 가르쳤다. 인성이 바로 서야 진정한 성공의 길에 다다를 수 있다.

성공한 사람들의 자녀교육

여기에서 진정 성공한 사람의 정의를 내려야 할 것 같다. 성공한 사람이란 '목적하는 바를 이루거나 뜻한 바를 이룬 자'를 의미한다. 위대한 업적이나 사회적으로 크게 높은 위치에 올라 있는 사람만 성공한 사람이라 정의하고 싶지 않다. 사회에서 인정받으며 자신의 위치에서 자신이 원하는 바를 이룬 사람을 '성공한 자'라고 정의하고 싶다.

내가 20년 전부터 알고 지내는 분 중에 '조 트리오'의 어머니가 계시다. 바로 김순옥 여사님이다. 『조 트리오 이야기』의 저자이기도 한 그분은 나의 40세 이후의 삶에 많은 영향력을 끼쳤다. 현재는 92세인데 85세에 하늘이 주신 감동의 앙상블 『조 트리오 이야기』를 쓰셨다. 자신이 조 트리오를 키워내기까지의 여정을 책으로 엮은 것이 젊은 엄마들의 나침반이 되어주기를 소망하셨다. 1996년에는 정부로부터 '장한 어머니상'을 수상하셨다. 그런 의미로 저자의 글을 올려 보겠다.

"사람은 아무리 좋은 머리로 태어났어도 자신의 피나는 노력과 부모의 정성이 없이는 성공할 수 없다고 생각한다. 나는 인생에 성공한 사람이란 거창한 무엇이 아니라 세상에 태어나서 자기의 본분을 다하고 보람된 삶을 살았다고 말할 수 있는 사람이라고 생각한다."

조 트리오는 피아노의 조영방(단국대 교수), 조영미(연세대 교수), 조영창(독일 에센 폴크방 국립음대 교수, 연세대 특임 교수)의 삼남매 음악인이다. 조 트리오의 어머니 김순옥 여사는 이화여대 가정과를 나오셨다.

'조 트리오'의 아버지인 조상현 교수님은 한양대 음대 학장, 국회의원, 시인, 작곡가, 수필가셨다. 지금도 주문진에 가면 조상현 교수님의 기념관이 있다. 외국으로 나갈 수도 없던 시절에, 삼남매를 모두 미국으로 유학을 보냈다. 조상현 교수님은 매일 자녀들에게 편지를 쓰셨다. 16년 동안 유학을 시키면서 5,000통의 편지를 쓰셨다. 그 5,000통의 편지를 책으로 묶어 내기도 하였다. 일본에서도 책이 출간되었다. 조상현 교수님은 고등학교 음악 교사였다. 따지고 보면 남편까지 유학을 시키신 셈이다. 조상현 선생님이 유학에서 돌아와 한양대 교수로 재직할 때까지 3남매를 혼자 책임지셨다.

김순옥 여사가 삼남매를 만나러 미국으로 가실 때마다 비행기 항공료를 절약하기 위해 '홀트아동복지회'에서 미국으로 입양되어 가는 아기들을 안고 가셨다고 했다. 비행기를 타고 12시간을 가서 우는 아기를 인도해줄 때 서글픔과 수치심을 동시에 느끼셨다고 했다. 못사는 나라의 슬픔이었을 것이다. 지금도 매일 나라를 위한 기도를 제일 먼저 하신다.

'조 트리오'를 키우며 김순옥 여사와 조상현 교수님은 아래의 5계명을 지키라고 가르치셨다.

첫째, 건강하라.
둘째, 노력하라.
셋째, 부모를 생각하라.
넷째, 조국을 생각하라.
다섯째, 범사에 감사하라.

이처럼 성공한 사람들일수록 자녀교육에 정성을 바쳐서 키운다. 자녀들이 타고난 재능이 무엇인지 일찍 알아내고 적절한 교육을 시작한다. 괴테의 아버지도, 아들을 19세기 독일의 세계적인 천재 법학자로 길러낸 칼 비테의 아버지도 4살 때부터 일찍 교육을 시작했다.

김순옥 여사의 자녀교육은 음악계에서는 유명하다. 3명을 모두 세계적인 음악가로 키워냈으니 위대하고 또 위대하다. 한 명의 음악가를 만드는 것도 뼈를 갈아 넣고 영혼을 갈아 넣어야 가능한 일인데 하물며 3명을 세계적인 음악가로 키워냈으니 어떠하겠는가!

정 트리오(정명화, 정경화, 정명훈)의 어머니 이원숙 여사가 쓰신 『너의 꿈을 펼쳐라』를 읽었다. 7남매 모두의 재능을 찾아내고 그에 맞는 훈련을 가혹할 정도로 시켰다. 남들과 비교하지 않고 유심히 지켜보다가 적절한 때가 되면 적극적으로 후원해주셨다.

세계적인 음악가와 교수, 사업가, 의사로 7남매를 훌륭히 키우셨다. 미국에 가셔서 '아리랑 식당'을 하시며 자녀들을 훌륭히 키우신 분이다. 정 트리오의 어머니 이원숙 여사 역시 음악계에서 유명한 분이시다. 음악을 시키는 어머니들의 귀감이 되신 분이지만 지금은 타계하셨다.

어머니들의 지극한 정성과 희생과 노력이 없었다면 오늘날 그들의 성공은 불가능한 일이었다. '조 트리오'의 맏딸인 조영방 교수는 "나의 부모님은 내 모든 것의 시작이고, 내 모든 것의 현재이고, 나의 미래일 것이다."라고 말한다.

조영방 교수 역시 딸 3명을 모두 훌륭히 키워냈다. 세 딸 모두 미국에 유학을 시켰다. 본인의 연주 활동과 대학 강의, 아내로서 엄마로서 완벽하게 모든 것을 해내고 재작년 은퇴하셨다.

큰딸 송민주는 피아니스트이고, 둘째 딸 송혜주는 첼리스트, 셋째 딸 송경주는 변호사이다. 어머니 김순옥 여사를 본받아 딸 셋을 훌륭하게 키워냈다. 이 댁의 가장 큰 장점은 가족 간의 소통이라는 점이다. 미국에 있든 한국에 있든 가족끼리 서로 자주 연락한다. 항상 소통한다. 가족끼리 서로 아끼며 행복하게 사는 모습이 귀감이 되고 있다. 몹시 부러운 집안이다.

진경이가 독일 유학을 했기 때문에 나는 1년에 2번 정도 독일에 갔다. 진경이가 쾰른 음대에서 공부하고 있을 때였다. 프랑크푸르트에 가서 괴테 하우스를 찬찬히 볼 기회가 있었다.

괴테의 아버지는 법률가이며 황실 고문관으로 엄격한 사람이었다. 어머니는 시장의 딸이었고 상냥했다고 한다. 괴테 하우스는 4층짜리 아담한 건물이었다. 안으로 들어가니 1층 현관에 여러 소개 책자가 준비되어 있었다. 2층 거실 괴테 어머니의 방과 괴테의 서재 등 20여 개의 방이 아늑하게 꾸며져 있었다. 따뜻하고 행복한 가족들의 삶이 느껴지는 공간이었다. 조그마하고 예쁜 잔디정원에 햇살이 반사되어 반짝거리고 있었다. 따뜻한 정원 한쪽에 놓인 나무 의자에 앉아 한 권의 책을 읽고 싶은 순간이었다.

괴테의 아버지는 괴테가 4살 때부터 교육을 시작했다. 부친은 법률가로 키우고 싶었으나 괴테는 문학으로 기울었다. 어린 괴테는 가정교사로부터 지리, 법학, 수학, 그리스어, 라틴어, 영어, 불어, 히브리어, 승마, 펜싱, 그림, 음악을 배웠다. 성장한 괴테는 법률, 의학, 문학을 배웠다.

괴테는 25살에 『젊은 베르테르의 슬픔』을 써서 일약 스타가 되었다. 그 후 독일 바이마르의 재상을 지내며 더욱 많은 작품을 남겼다. 특히 『파우스트』 같은 대작을 남겼다.

독일의 『칼 비테의 교육법』으로 유명한 칼 비테는 목사인 아버지의 철저한 교육으로 일찍부터 6개 국어를 하는 등 천재로 인정받았다. 아버지의 꾸준한 가르침 덕택이었다. 커서 라이프치히 대학 등에서 법률을 가르쳤다. '칼 비테'식 교육이념은 오늘날의 영재교육과 많은 부분 일치한다. 아이의 타고난 재능보다 아버지의 끈질긴 교육을 꼽을 수 있다. 칼 비테의 아버지는 자신의 모든 것을 걸고 칼 비테를 교육했다. 그리고 칼 비테에 대한 강력한 믿음을 가졌다.

'칼 비테 교육법'의 핵심에 대하여 간략하게 소개하면 다음과 같다.

1. 아이의 실수를 인정하라. 좌절을 맛본 아이를 성공으로 나아가게 하는 방법이다.

2. 아이의 말을 경청하라. 아이는 스스로 존중받고 있다고 느껴서 자신의 능력을 더 적극적으로 인식한다.

3. 아이의 창의력을 발달시켜라. 창의력은 많이 움직이고 생각하며 문제를 제기할 때 발달한다. 부모는 아이가 엉뚱한 물음을 던져도 인내심을 갖고 대답해야 한다.

4. 올바른 가정교육을 행하라. 최고의 전문가에게 교육을 받는 아이도 가정교육이 잘못되면 효과가 매우 적다고 했다.

괴테의 아버지나 칼 비테의 아버지는 최상류층은 아니었다. 그러나 그들은 법률가였고 목사로 중산층 중에서도 존경받는 인물이었다. 그들이 자녀교육의 중요성을 인식하고 4살부터 모든 분야의 학문을 골고루 꼼꼼하게 교육했다는 점이 주목할 만하다.

강남 대치동 엄마들의 교육열은 교육제도가 아무리 바뀌어도 변하지 않을 것이다. 성공한 사람일수록 자녀교육의 중요성을 너무나 잘 알고 있다. 성공한 사람일수록 자녀에게 교육을 통해 인생을 살아나가는 지혜와 통찰력을 가르쳐주고 싶기 때문일 것이다.

부자들은 자녀교육에 더 열정적이다

내가 아는 분 중에 50대 기업의 K회장님이 계시다. 아들 3명 중 2명은 이미 미국에서 공부하고 있다. 큰아들은 스탠퍼드에 다니고 둘째 아들은 코넬대에 다니고 있다. 큰아들은 어려서부터 영재라고 했다. 셋째는 외국인 학교를 다니는데 5학년이다. 얼마나 바쁜 회장님인지 옆에서 보면 알 수 있다. 잠깐 만나 식사를 하는 중간에도 계속 전화를 들고 들어왔다 나갔다 하신다. 그런데도 막내아들 초등학교의 작은 음악 콩쿠르 하나까지 일일이 따라 다니신다. 악기 하나를 고르는 것도 비행기 타고 미국 가서 직접 고르실 정도다. 전공하는 것도 아니고 취미로 배우는 것인데도 손수 챙기신다. 나는 그것을 보고 느낀 바가 크다. K회장님도 미국 아이비리그에서 MBA를 하셔서 그런지 우리가 생각하는 것보다 훨씬 멀리까지 내다보며 모든 과정을 직접 챙기신다.

요즘 TV에서 방영되는 드라마 중에 〈이태원 클라쓰〉란 프로그램이 있다. 재벌 회장의 아들이 교실에서 친구를 이유 없이 폭행했다. 그걸 본 방금 전학 온 학생이 전학 온 첫날 재벌 아들을 때렸다. 불의를 보고 참지 못한 것이다. 그 일로 학교에 나타난 회장님이 착하고 소신 있는 부하직원의 아들에게 무릎 꿇고 사죄하면 퇴학은 면해주겠다고 했다. 전학생의 아빠는 회장님의 부하직원이었다. 전학생이 말하기를 아빠가 소신 있게 살라고 하셨다며 사과는 못 하겠다고 했다.

우리 가족이 앉아서 그 장면을 보고 있는데 진경이가 이렇게 말했다.

"재벌 회장님은 바빠서 학교 직접 못 오시고, 재벌 집 애들도 너무 바빠서 저런 거 할 시간이 없어요."

"배우는 것이 너무 많아! 과외, 학원 등 스케줄 꽉 차 있어서 그럴 시간도 없고, 지금이 어느 시대인데 저런 짓을!"

"말도 안 돼. 개연성이 없어!"

"하하, 그렇겠네."

동환이도 같은 생각이었다. 다행스러운 일은 아들딸이 세상에 대한 편견과 피해의식이 없이 잘 자라주었다는 사실이다. 우리 아들딸은 학교 다니며 그런 집안 친구들을 직접 눈으로 보았을 테니 말이다.

드라마 〈SKY 캐슬〉이 한창 인기가 있을 때도 동환이는 "말도 안 돼." 라고 말했다. 본인이 직접 대치동에서 10년을 공부했는데 극중 전개가 이해가 가지 않는다고 했다. 심지어 대치동 살고 있는 엄마들조차도 "그것이 사실이래요."라고 했다. 물론 드라마에 버금갈 만한 경쟁을 하고, 컨설턴트가 없는 것은 아니지만 가도 너무 갔다.

내가 아는 글로벌 제약회사 회장님도 계시다. 아들의 MBA 과정을 위해서 GRE 성적 등을 직접 챙기셨다. 아들이 듀크대 MBA 과정을 잘할 수 있도록 미국에 가서 집도 구해주셨다. 이케아 가구도 사다가 직접 조립해주고 오셨다. 아무리 바빠도 아들의 장래이고 자기 회사의 미래이기 때문이다. 돈이 많으면 당연히 자식의 미래에 투자를 하는 것이다. 주식을 아무리 많이 물려주고 재산을 많이 물려주어도 그것을 유지하고 발전시킬 능력이 없다면 그 회사는 금방 무너질 것이다. 부자들은 누구보다 그것을 알고 있다. 그래서 남보다 많이 배워야 하는 것이다. 내 것을 지키고 관리하려면 말이다.

로널드 F. 퍼거슨과 타샤 로버트슨이 지은 『하버드 부모들은 어떻게 키웠을까』에는 가난하지만 자녀를 성공적으로 키워 하버드에 보낸 실화들을 소개하고 있다. 빈민가 출신의 흑인 남자아이 자렐의 엄마인 엘리자베스는 22살에 임신하였다. 노숙인 쉼터를 전전하며 자렐을 훌륭히 키워 하버드에 입학시켰다. 하버드는 학비가 매우 비싸서 대부분 상류층 자녀들이 다닌다. 그러나 하버드는 소외 계층이 들어갈 수 있는 여러 가지 입학제도를 마련해두고 있다. 강남에는 하버드에 들어갈 수 있는 정보와 매뉴얼이 있다. 강남에도 유학생들 리포트까지 써주는 곳도 있다. 부잣집 사모님들은 실제로 몇천만 원씩 내고 유학원 컨설팅을 받고 자녀들을 미국 아이비리그로 유학을 시킨다. 그만큼 미국 명문대 졸업이 가치가 있기 때문이다. 가치투자를 잘하는 부자들이 자녀교육에 왜 돈을 아끼겠는가?

우리 아파트 옆이 아시아 선수촌 아파트이다. 담장 하나를 사이에 두고 있다. 아시아 선수촌 아파트 엄마들은 아들이 서울대를 가는 것을 별로 바라지 않는 것처럼 보인다. 만나서 얘기를 하다 보면 우성 아파트에 사는 아이들이 훨씬 서울대에 많이 간다. 아시아 선수촌 아파트 자녀들은 아이비리그에 많이 간다. 아니면 영국이나 싱가포르 같은 곳으로. 물론 우성아파트에도 유학을 보내는 엄마들이 있다. 주로 대치동에서 공부하는 아이들이 서울대나 의대에 많이 간다. 압구정동이나 청담동 아이들은 외국의 명문대로 유학을 간다. 주로 부자들을 말하는 것이다. 청담동이나 압구정동 산다고 다 부자는 아니고 통계적으로 그렇다는 것이다.

이러한 통계를 가지고 봐도 부자들이 자녀교육에 얼마나 열정적으로 서포트하는지 알 수 있다. 돈이 있다면 얼마든지 자녀에게 좋은 교육 기회를 줄 수 있다. 부자일수록 교육의 중요성을 잘 알고 있다. 부자일수록 교육의 효용 가치를 누구보다 잘 알고 있다. 그러니까 일찍 외국어를 시키고 아이비리그로 보낸다. 내 이종사촌 동생 K도 서울대 공대 대학원을 나오고 하버드에서 박사과정을 했다. 그리고 지금은 실리콘밸리에서 벤처사업가로 성공하였다. 직원이 2,000명이 넘는다고 한다. 지금은 돈으로 더 좋은 정보를 살 수 있다. 더 좋은 교육으로 더 좋은 기회를 살 수 있다. 사람들은 자기가 알고 있는 방법만이 최고의 방법이라고 생각한다.

내 친구 M도 아들 2명과 딸이 하나 있는데 다 유학을 보냈다. 아들 둘은 미국에서 공부를 끝냈다. 한국으로 들어와 아빠 회사를 더 크게 번창시키고 있다. 미국에서의 인맥으로 한국에 들어와서 아빠 회사를 더 크게 발전시키고 있다. 같이 공부하던 미국의 친구들과 네트워크가 형성되어 도울 것은 돕고 사는 비즈니스가 되는 것이다.

의사 집안의 자녀들이 의사가 되고 법률가 집안 자녀들이 법률가가 많다. 그들은 잘 알고 있다. 보이지 않는 계급을 뛰어넘으려면 교육이라는 관문을 통과해야 한다는 것을. 그래서 자녀들에게 한 단계 더 업그레이드된 삶을 주고자 교육에 투자한다. 실제로 그렇게 자란 아이들은 법률가가 되거나 의사가 되거나 가업 승계를 한다. 자녀를 좀 더 안전지대에서 살게 하고 싶은 것이다.

지금 세대가 부모보다 못 사는 첫 번째 세대가 될 거라고 불안해한다. 자녀들은 자기가 누리고 살던 것들을 결혼해서도 누리기 바란다. 실제로 우리 1970~1980년 세대들은 부모들이 시골에서 소 팔고 논 팔아서 내 자식만은 펜대 굴리고 살게 하려고 기를 쓰고 가르친 세대들이다. 개발도상국 선상에 있었으니 일자리도 많고 대학만 나오면 취직이 되는 세대였다. 그러나 지금은 그렇지 않다. 선진국 대열에 들어설수록 계층 간의 이동이 훨씬 어려워진다. 시대가 훨씬 복잡다단해져서 정보도 넘쳐나고 사람들의 욕망이 훨씬 다양해지고 복잡해졌다. 잘 살려면 이것을 읽어내야 할 지식이 필요한 것이다.

남편의 고교 동창생들은 60살이 넘어가면부터 골프 모임에 더욱 열의를 보이고 있다. 성공한 사람들만 골프 모임에 나올 것이다. 모두 강남에 사는 의사, 변호사, 교수, 사업가 등등이다. 그들은 모두 자녀교육에 열성적인 사람들이다. 그들의 부모님은 대부분 많이 배운 분들이다. 그들이 받았던 좋은 교육 환경을 자녀들에게도 만들어주는 것이다. 재력이 있는 남편 친구들은 자녀들을 잘 키웠다. 내가 들은 바에 따르면, 거의 국내 명문대를 나오고 유학도 다녀왔다. 그들은 공부만 시키지 않고, 클래식에도 조예가 깊다. 꼭 아이비리그 나오고 명문대 나오는 것만이 최고의 교육은 아니라고 생각한다. 연속극이나 영화에서는 미국 유학 간 부잣집 아이들이 마약을 한다. 그러나 내 주위 지인의 자녀들은 그런 사람이 하나도 없다. 모두 훌륭하게 공부하고 돌아왔다. 그러므로 우리도 편견을 버리고 열린 마음으로 성심성의껏 아이의 장래를 생각해야 한다. 어느 것이 내 아이에게 맞는 교육 방법인지 생각해야 한다. 항상 최고의 것, 최상의 것을 찾아주도록 노력하는 것이 부모의 자세라고 생각한다.

6

최고의 스승을 찾아라

17년 전, 여름방학이었다. 진경이와 나는 두려운 마음으로 프랑스의 꾸쉬빌에 있는 뮤직알프 캠프장을 찾아가는 중이었다. 프랑스의 알프스 산맥에 있는 꾸쉬빌이라는 스키 리조트였다. 만년설이 하얗게 덮여 있는 아름다운 알프스 산꼭대기에서 뮤직 캠프를 했다. 한 달 동안 세계적인 음악가들이 그곳에서 마스터 클래스도 하고 연주도 했다. 하얗게 눈이 덮여 있는 알프스 산을 배경으로 초록색 호수 앞 음악당에서 클래식의 향연이 펼쳐진다. 진경이와 나는 첼리스트 조영창 교수님의 마스터 클래스를 받기 위해 꾸쉬빌을 찾아갔다. 조영창 교수님을 만난 것은 진경이가 예원학교 2학년 겨울 방학 캠프장에서였다. 그 후로 진경이와 나는 조영창 교수님이 계신 곳이면 국내외 어디든 따라다녔다.

그해 한 달 동안 유럽에서 나는 진경이를 가르쳐 주실 선생님을 찾아 다녔다. 꾸쉬빌의 뮤직알프 캠프는 나와 진경이에게 정말 많은 영감을 준 곳이었다. 천국이 있다면 이곳이 아닐까 생각할 정도로 아름다웠다. 만년설이 뒤 덮힌 알프스산 중턱의 아름다운 음악 홀은 호수 앞에 있었다. 세계적인 음악가들이 밤마다 와인도 마시고 밤마다 연주도 자유롭게 했다. 얼마나 아름답고 황홀하겠는가!

2주 후, 진경이와 나는 짐을 꾸렸다. 체코 프라하에서 열리는 유로 뮤직 캠프를 가기 위해서였다. 프랑스 알프스에서 체코 프라하까지 18시간이 걸렸다. 프라하에 도착하니 밤12시가 넘었다. 그때만 해도 프라하는 치안이 좋지 않았다. 공산국가에서 벗어난 지 얼마 되지 않는 불안한 상황이었다. 두 조그마한 동양 여자가 택시라도 잘못 탔다가는 끔찍한 일이 생길 수도 있는 시절인데, 지금 생각해보면 참 무지하고 용감했다.

우리가 묵었던 프라하의 호텔은 공산당 수뇌부들이 비밀회합을 하던 곳이었다. 붉은 불빛을 받은 지붕들은 선홍색으로 빛났고, 프라하호텔의 테라스에서 내려다본 볼타강은 얼마나 서럽게 아름다웠는지. 호텔 테라스에 서서 카를 대교 아래로 유유히 흐르는 볼타강을 보는 내 마음은 정말 서러웠다. 내 딸이지만 한 아이의 인생을 책임지기에 나는 충분하지가 않았다. 오직 열정만 있었다. 무모했다. 무섭고 두려웠다. 나는 지금도 붉은 노을이 물든 볼타강을 내려다보며 들었던 랄로 콘체르토를 잊지 못한다. 랄로 콘체르토가 흘러나오면 바로 프라하호텔의 테라스에서 내려다보던 볼타강의 붉은 불빛들이 떠오르며 눈가가 서늘해진다. 진경이는 지금도 랄로 콘체르토 연주를 잘한다. 진경이도 그때 나처럼 애달픈 마음이었을까?

프라하 캠프에서 운명적인 선생님을 만났다. '마리아 클리겔'이라는 독일의 쾰른 음대 첼로 교수였다. 진경이가 레슨을 신청한 선생님은 2명이었다. 베를린 음대의 옌스 피터 마인즈와 쾰른 국립음대의 마리아 클리겔이었다. 캠프가 끝나는 날 저녁, 한 교수당 한 명의 학생을 뽑아서 파이널 연주를 할 수 있게 해준다. 그런데 두 교수 모두 진경이를 지목하였다. 와우! 이게 웬일이란 말인가! 첼로를 늦게 시작하여 항상 고전했고 서울예고에 올라가면서 상위권에 들었지만 그래도 마음이 늘 조급했다. 실기 시험과 콩쿠르 같은 엄청난 경쟁으로 마음이 항상 쫓기고 있었다.

맨 처음 진경이를 알아보셨던 분은 조영창 교수님으로 그는 단연 우리나라 최고의 첼리스트이다. 동양인으로 독일 에센 폴크방 국립음대 교수가 27세에 되었다. 세계적인 첼로 콩쿠르는 거의 휩쓸었다고 해도 과언이 아니다. 로스트로포비치 콩쿠르, 카잘스 콩쿠르, 뮌헨 콩쿠르 등 셀 수없이 많다. 지금 2,000회에 달하는 연주를 하고 있다.

쾰른 국립음대의 마리아 클리겔도 26세에 교수가 되었다. 로스트로포 콩쿠르에서 1위를 하며 셀 수 없을 정도의 CD를 녹음했다. 지금도 수없이 많은 연주를 하고 있다.

최고가 되려면 최고를 찾아내야 한다. 진경이는 20년 가까이 조영창 교수의 국내외 모든 캠프와 학교를 따라다니며 배웠다. 조영창 교수와 마리아 클리겔 교수의 가르침이 없었다면, 지금의 첼리스트 원진경은 없었을 것이다. 최고의 스승을 찾아서 최고한테 배워라. 최고의 스승들은 최고가 되기까지 수많은 난관을 극복하며 정상에 올랐을 것이다. 수많은 테크닉 방법과 소리 내는 방식들, 활의 빠르기, 활의 누르기의 정도, 비브라토의 속도 빠르게 혹은 느리게, 작고 긴장감 있는 소리, 크고 웅장한 소리 등등의 수천 가지의 방법이 있다. 지적 욕구가 가장 왕성할 때, 훌륭한 스승을 만난다면 최고의 성과를 거둘 수 있다. 누구를 만나느냐에 따라 아이의 인생은 확연하게 달라진다.

김연아 선수가 캐나다의 브라이언 어니스트 오서 코치를 만나지 못했더라면 올림픽 금메달은 따지 못했을지 모른다. 오서 코치를 만나기 전에 김연아 선수는 일본의 아사다 마오를 이기지 못했다. 인생에서 누구를 만나느냐에 따라 자녀들의 인생이 많이 달라질 수 있음을 명심하라. 훌륭한 부모, 훌륭한 선생님, 좋은 선배, 좋은 한 권의 책을 만나서 인생이 달라졌다는 사례는 아주 많다. 최고의 스승을 좀 더 적극적으로 찾아 주어야 한다. 어릴수록 더 좋다. 보약도 일찍 먹어야 효과가 더 좋다고 하지 않는가.

나는 조금 둔하고 느려도 정직하게 행동했다. 약삭빠르게 행동하지 않았다. 외국에서 유명한 첼리스트가 온다는 정보가 있으면 엄마들과 같이 공유했다. 그때나 지금이나 식사도 잘 샀다. 같이 첼로를 시키는 엄마들의 도움이 나에게 큰 힘이 되었다. 아이가 혼자 해결하도록 내버려두었다면 포기했을지도 모른다.

동환이도 같은 방법을 썼다. 진경이와 동환이는 5년 차이이다. 진경이는 서울예고 3학년 졸업을 앞두고 독일로 갔다. 몇 달 후, 나는 동환이 옆에 앉아 있었다. 그냥 앉아서 책만 읽었다. 나는 공부 쪽에는 아무런 정보도 없었다. 계속 첼로만 생각하고 연습시키고 레슨을 다녔기 때문이다. 내 머릿속에는 동환이가 없었다. 비가 부슬부슬 내리는 15년 전 3월의 어느 날이었다. 대치동 학원가 골목을 후적후적 울며 걸어 다녔다. 수천 개의 학원 중에 어느 학원으로 보내야 할지를 몰라서였다. 막막했다. 동환이는 어려서부터 영특했다. 주위에서 잘 길러보라고 한마디씩 할 정도였다. 그런데 동환이 밥도 안 챙겨주고 진경이만 따라다녔다. 동환이한테는 말로만 "사랑한다! 오 나의 엔돌핀 덩어리!"라고 말했다. 나는 늘 진경이만 따라 다녔다. '동환이는 어려서부터 영리하고 똑똑한 아이니까 지시하고 확인만 하면 될 거야.'라고 생각했다.

동환이가 중학교 3학년이 되었다. 동환이는 만화를 좋아했다. 매일 만화책방에 들렀다 집에 오곤 했다. 학교 성적이 안 좋아서 민사고, 부산영재고, 서울과고를 차례로 다 떨어졌다. 떨어질 것을 짐작은 했다. 그래도 동환이는 많이 실망했다.

"그래, 지금의 이 감정을 절대 잊지 마라. 대학 입시는 한 번에 원하는 곳에 딱 붙어보자."

"네가 덜 준비된 상태에서 시험만 본다면 이번과 같은 결과가 나오는 거야."

고등학교에 입학하기 전, 겨우 훌륭한 수학 선생님을 찾았다. 서울과고를 수석으로 들어가고 S대 수학과를 수석으로 합격한 선생님이었다.

수학 문제집을 쓰신 선생님이라서 좋은 문제들을 많이 가지고 계신다고 했다. 학교 성적과 상관없이 수학 공부를 시키는 선생님이었다. 동환이는 숙제를 내주어도 할 타입이 아니라 문제도 자기가 원하는 문제만 풀었다. 아는 문제를 왜 자꾸 푸느냐고 했다.

아이에게 맞는 선생님을 찾고 그 분야의 최고 선생님을 찾는 것은 매우 조심스럽고 어려운 일이다. 선생님을 찾아가서 내 아이를 부탁하는 일도 매우 조심스러운 일이다. 내 아이가 무엇을 잘하는지 알았고, 무엇을 좋아하는지 알았다면, 그 분야 최고의 스승을 찾아라. 그래야 최고가 된다. 경제적으로 어렵다고 전문가의 도움을 받을 수 없을 거라고 미리 예단하지 말자. 그 분야의 최고 스승에게 보여주기만이라도 해야 한다.

택시 운전을 하시는 K씨가 있었는데 그에겐 첼로를 잘하는 딸이 있었다. 어느 날 인천공항에서 손님을 태웠는데 세계적으로 유명한 C교수였다. 차가 올림픽 도로에 접어들자 조심스럽게 딸 이야기를 했다. C교수는 한번 데리고 와보라고 했다. K씨의 딸은 C교수의 레슨을 받게 되었다. 지금 K씨의 딸은 유명한 첼리스트가 되었다. 기회는 생각하지도 못한 곳에서 생긴다. 기회는 만드는 자의 것이다.

엘리트 교육에만 치중하지 마라

우리나라 부모들 대부분이 SKY를 보내려고 애를 쓴다. 그것은 이 사회에 만연한 '엘리트주의' 때문이다. 부모들은 자녀를 엘리트로 만들기 위해 노력하고 헌신하고 희생하며 살고 있다.

엘리트(Eliete, 프랑스어)의 사전적 의미는 '사회에서 뛰어난 능력이 있다고 인정한 사람 또는 지도적 위치에 있는 사람'이라고 정의하고 있다. 또한 '엘리트주의'는 '소수의 엘리트가 사회나 국가를 지배하고 이끌어야 한다고 믿는 태도나 입장 또는 어떤 사람이 엘리트로서의 자부심이나 우월감을 가지는 태도'라고 정의하고 있다. 엘리트는 부정적 의미로 쓰이지 않지만 '엘리트주의'라는 단어는 부정적 의미가 담겨 있다.

나 역시 엘리트로 만들고자 자녀들을 열심히 키웠다. 내 아이들만큼은 사회 지도자로서 키워내야겠다고 결심하고 임신했을 때부터 그렇게 생각하고 준비했다. 엄마가 처음이다 보니 열정이 앞섰다. 그러다 보니 진경이가 공부를 싫어하게 만들었다. 그때는 '문제은행'이라는 문제집이 있었는데 아마 지금 수능 문제집도 그것처럼 두껍지 않을 것이다. 지금 생각하면 기가 막힌다. 주위 엄마들의 말만 듣고 초등학교 1, 2학년 아이한테 그 문제집을 풀리려고 했다. 과한 욕심이 화를 부른 것이다. 진경이는 동환이 만큼 머리가 좋은 것은 아니었다. 그러나 지구력은 뛰어났다.

동환이는 고도의 몰입 상태에서 짧게 공부하고 끝냈다. 진경이는 운동을 많이 시켜서 그런지 지구력과 끈기가 있다. 금방 싫증을 내지 않았다. 진경이 같은 아이가 공부를 잘할 성격이다. 부모 말에 순종하고 절대로 말대답 같은 것은 하지 않았다. 동환이는 머리는 아주 좋지만, 끈기가 없고 지구력이 없었다.

진경이는 수업이 끝나면, 바로 연습실로 갔다. 연습실에서 12시까지 매일 연습했다. 그리고 집으로 와서 밤 12시~2시까지 학교 공부를 했다. 아침에 6시 30분에 일어났다. 학교 셔틀버스가 7시 10분에 왔다. 나는 조그만 핑크색 베개를 봉고차에 넣어주며 가다가 오다가 자라고 했다. 그래서 차만 타면 자는 습관이 생겼다. 예원학교 3년, 서울예고 3년을 이렇게 살았다.

어느 날, 독일 에센 베어덴으로 진경이 초등학교 친구인 S가 독일로 유학을 오려고 진경이를 찾아왔다. 진경이는 수첩에 그 친구에게 필요한 항목 20여 개를 적어놓고 하나하나 체크해가면서 S를 도와주었다. 집 얻어주기, 전화 놓아주기, 인터넷 신청해주기, 보험 들어주기, 학교 연습실 얻어주기, 거주자 등록해주기, 은행 계좌 열어주기 등등. 처음에 가면 할 일이 산더미이다. S의 엄마는 지금도 그 일을 두고두고 고마워했다.

나는 안타까웠다. 당연히 도와주어야 했지만, 진경이의 콩쿠르가 얼마 안 남은 상태였기 때문이다. 콩쿠르는 시간과의 싸움이다. 학교 수업 들어야지, 오케스트라 연습해야지, 학교 실내악 수업 들어야지, 몸이 몇 개라도 해내는 것이 불가능할 정도였다. 콩쿠르 곡이 10개 정도라서 그것을 다 연습하려면 최소 6개월은 연습해야 했다. 시간이 모자랐다. 하루는 독일로 전화를 했더니, 페인트칠을 같이 해주기로 했다고 한다. 그래서 나는 가지 말고 연습을 하는 게 좋겠다고 했다. 그랬더니 진경이가 이렇게 말했다.

"엄마, 내 일은 내가 알아서 할게. 여기는 여기만의 유학생들 정서가 따로 있어요. 서울에서는 내가 조금 부족해도 엄마라는 울타리가 있어서 나의 단점을 커버해주지만, 여기 와서 보면 '나'라는 사람의 인간성이 확연히 드러나게 되어 있어요. 그렇게 이기적인 사람이 되길 바라세요? 내 거만 챙기는….”

나는 한마디도 하지 못했다. 진경이는 그 후에도 에센 폴크방 국립음대로 시험을 보러 오거나, 유학을 오는 한국 학생들의 대모 역할을 톡톡히 했다. 별명이 '에센의 대모'라고 불릴 정도였다. 속도 깊고 절대로 누구 말을 전하는 법이 없었다. 나는 이런 진경이가 대견하다가도 가끔 안타까울 때가 있었다. 독일로 유학을 보낼 때 진경이가 연애할까 봐 걱정한 적은 없었다. 그런데 친구들 데려다가 집에서 매일 밥 해주느라 자기 공부를 못 할까 봐 그것이 걱정이었다. 내 염려와는 다르게 진경이는 자기 공부도 열심히 했다. 그래서 학사와 석사를 5년 만에 빠르게 마쳤다. 쾰른 음대에서 다시 석사와 연주학 박사(Konzert exarmen)를 4년 만에 끝냈다. 힘들게 공부하면서도 제자들이 오면 가르치고 교회에 가서 연주도 했다. 그리고 중간중간에 콩쿠르도 나가야 했다.

지금도 어두컴컴한 새벽녘 부슬부슬 내리는 비를 맞으며 쾰른 기차역으로 커다란 캐리어와 첼로 케이스를 짊어지고 기차를 타러 걸어가던 진경이의 뒷모습이 떠오른다. 기차로 6~8시간씩 걸려도 씩씩하게 잘도 다녔다.

독일은 항상 비가 부슬부슬 오다가 바람이 불다가 날씨가 변덕스러웠다. 우중충한 날씨가 사람을 가라앉게 만든다. 그런데도 밝게 자기가 가고자 했던 음악가의 길을 당당하게 걸어가는 진경이가 얼마나 대견하고 고마웠는지 모른다.

동환이는 친구를 넓게 사귀는 스타일이 아니다. 전형적인 연구원 스타일이다. 동환이는 가르치는 일을 잘한다. 과외를 해보면 차근차근 설명하고 끈기 있게 기다린다. 아빠를 닮은 것 같다. 아빠가 참을성이 많고 잘 가르친다.

동환이는 S대 연구실에서 소립자실험물리학 박사과정을 마쳐가고 있다. 나는 늘 실험실 동료의 일도 같이 협력해서 네가 먼저 도와주라고 했다. 친구들에게 밥도 네가 먼저 사고 늘 손해 보는 듯 살라고 가르친다.

그래서인지, 자기 친구들을 호텔로 초대해서(요즘 시내에 값싸고 식사도 간단히 준비해 먹을 수 있는 호텔이 있다.) 스테이크와 스파게티도 만들어준다. 동환이는 요리해서 다른 사람을 대접하는 것을 좋아한다. 그 점은 나를 닮았다. 누나가 뭐 좀 만들어달라고 하면 한 번도 싫다고 한 적이 없다. 기꺼이 만들어준다. 이렇게 쓰다 보니 내 자랑만 하게 되었다.

교육의 아버지인 '칼 비테의 아버지'가 쓴 글 〈칼 비테의 자녀교육 불변의 법칙〉을 말하겠다.

"사람들은 내가 칼의 지능 개발에만 치중했다고 오해하는데 사실 나는 지능 교육보다 도덕 교육을 더 중시했다. 칼을 버릇없이 재능만 출중한 아이로 만들고 싶지 않았기 때문이다. 그래서 칼의 인성교육에 무척 신경 썼다. 목사인 나는 책만 많이 읽고 입으로만 떠드는 사람에게 좋은 재능은 아무런 의미가 없다고 생각했다. 나의 교육 지침에 따라 칼은 어릴 때부터 지혜로운 옛사람들의 책을 읽으며 겸손함과 성실함을 배우고 기독교의 교리에 어긋나지 않게 행동했다."

한번은 이 책을 쓰다가 내가, 아들딸을 다 S대에 보낸 H 엄마한테 카카오톡으로 문자를 보낸 적이 있었다. 어떻게 그렇게 잘 키우셨는지 간단한 법칙을 보내라고 했다. 한참 만에 문자가 왔다.

"제가 부끄럽지만 정리를 좀 해봤어요. 아기를 임신했을 때 제 신앙심이 제일 좋았을 때라 태교 때 성경을 필사했어요. 이 세상을 잘 살아가기 위해서는 어떤 상황이라도 견뎌낼 수 있는 믿음이 제일 중요한 거 같았어요. 조금이라도 남을 돕는 모습을 보여주었어요. 교회 봉사도 하고 장학금도 지원하는 등. 외할아버지 부의금은 불우한 선배 아이 병원비에 보내주었어요. 아이들이 가진 것보다 사치하지 않고 본인의 환경에 감사함을 알아야 한다고 가르쳤어요."

이렇게 조심스럽게 문자가 왔다. '제가 그럴 자격이 있는지는 모르겠지만…'으로 시작된 그녀의 문자는 조금 당황스럽게 느껴졌다. 내가 원했던 문자는 어느 때에 무엇을 시켰고 하는 그런 비법에 대한 솔직한 대답이었다. 그런데 교과서 같은 문자를 보냈다. 이 책을 쓰다 보니 H 엄마의 문자가 정답이었다. 부모는 자녀의 인성을 제일의 천성으로 만들어야 한다. 실제로 H 엄마는 매우 헌신적이고 똑똑한 엄마이다. 빨리 선택하고 빨리 현명한 판단을 내리는 엄마였다고 생각한다. 아이 임신했을 때에 성경을 필사했고 봉사하는 것을 가르쳤다고 했다. 『유대인 엄마는 회복탄력성부터 키운다』의 저자 사라 이마스의 글과 상당히 닮아 있었다.

2 장

최고의 컨설턴트는 엄마이다

자신의 열등감을 아이에게 투사하지 마라

학부형을 상담하다 보니 자신의 한을 아이를 통해서 풀어보려는 엄마들이 많다는 걸 알게 되었다. 지인들도 자신이 피아노를 전공하였는데 졸업연주회나 작은 연주 무대에서 항상 틀렸다고 한다. 연습할 때에는 잘하는데 무대에만 올라가면 너무 떨려서 자신이 무엇을 하고 내려오는지 모를 정도였다고 한다. 그래서 한풀이하듯 아이한테 악기를 시킨 엄마도 있다.

내가 결혼했을 때(1986년) 시댁은 강서 쪽에서는 널리 알려진 가문이었다. 시아버님께서 덕을 많이 베풀고 사셔서 사업도 크게 번창하고 있었다. 나는 결혼하고 직장을 그만두었다. 분위기가 그럴 수밖에 없었다.

시어머니는 여자가 밖으로 나돌아다니는 걸 극도로 싫어하셨다. 접시와 여자는 밖으로 내돌리면 깨진다는 옛 속담을 믿는 분이었다.

나는 한복을 입고 매일 드나드는 손님들의 식사와 차 대접을 했다. 아줌마가 계셨지만 늘 대기 중이어야 했다. 그러다가 진경이를 낳았다. 나는 진경이가 나처럼 살게 하고 싶지 않았다. '너는 나처럼 새장에 갇힌 새처럼 살지 말고 훨훨 날아다니면서 자유롭게 살아라. 너는 나처럼 살지 말고 전문직으로 살아라.' 남편 이름 한 자와 나의 이름 한 자를 따서 '진경'이라고 지었다.

우리 아래층에 피아노학원이 있었다. 학원에서 진경이는 4살부터 피아노를 시작했다. 바이올린도 6살에 하게 되었다. 그러다가 마지막에 첼로를 하게 되었다. 초등학교에 입학한 후 친구가 첼로를 하는 것이 부러웠는지 가르쳐달라고 했다. 나는 처음에 안 된다고 했다. 끝까지 할 거면 하고 하다가 중간에 그만둘 거면 하지 말라고 했다.

본인이 결정하고 난 후에는 한 번도 그만두겠다고 하지 않았다. 진경이가 첼로를 전공하면서 나의 인생은 본격적으로 서스펜스와 스릴이 넘쳤다. 본인이 기꺼이 선택했지만 해도 해도 끝이 없는 것이 예술 아니던가! 진경이가 첼로를 시작한 지 25년이 흘렀다. 나의 젊음과 진경이의 찬란한 젊은 날을 첼로에 몽땅 바쳤다. 어떻게 생각하면 나도 내가 끝까지 공부하지 못한 한풀이를 진경이에게 한 것일지도 모른다.

나의 자존심이 아이의 등수가 되고 콩쿠르 실적이 되었다. 콩쿠르에 나가기 위해서 3~4개월 죽도록 연습을 하고 나갔다. 무대에 올라가서 3~5분 사이에 그토록 열심히 연습했던 곡은 결판이 났다. 30분짜리 연주곡을 3분 정도 길이로 잘라서 조금만 들었다. 처음에는 그런 것들이 억울하다 생각했다. 지금 생각하니 억울해할 것도 없었다. 콩쿠르 때문에 조금씩 늘고 있었다는 걸 나중에 알게 되었다. 그리고 30초만 들어도 다 안다. 진경이가 초등학교 6학년 때였다. 지금 생각하면 우스운 일이지만 그때는 절박했다. 2주 준비하고 나간 콩쿠르에서 진경이가 1차 예선에서 떨어진 거였다. 당연히 떨어진 것인데 나는 약이 올랐다. 같은 반 친구가 최고 점수로 올라갔으니 정말 화가 났다. 진경이와 잠실대교를 건너면서 차 안에서 얼마나 아이한테 상처 주는 말을 심하게 해댔는지 모른다. 지금 생각하면 정말 미안하고 눈물이 난다. 내 욕심 채우자고 준비도 안 된 아이를 콩쿠르에 끌고 나가서 떨어졌다고 모질게 몰아붙였다. 그것이 끝내 내 마음을 괴롭혔다.

그 후 진경이는 무대 공포증이 생겼다. 아이도 얼마나 상을 받고 싶겠는가! 세상에 여린 어린아이한테 내가 한 행동은 너무나 잔인한 짓이었다. 그 후부터는 큰소리로 야단을 쳤어도 상처가 되는 말은 최대한 안 하려고 애썼다. 무대 공포증을 이겨내기 위해서 10년의 세월을 바쳐야 했다. 이 글을 쓰기 위해 자판기를 두드리고 있는 지금도 눈물이 어른거려 글씨들이 너울거린다. 참 미안한 것이 너무 많다, 진경이한테. 나의 열등감을 진경이에게 투사했던 것이.

장미가 아파트 담장을 빨갛게 물들이던 따뜻한 봄날, 집 근처 사우나에서 70대의 노부인과 담소를 나누게 되었다. 온화하게 생긴 그 노부인은 항상 웃는 얼굴이었다. 노부인은 남편과 10살 차이라고 하셨다. 본인은 고등학교 밖에 안 나왔다고 하셨다. 시집을 갔더니 동서들이 다 명문대를 나왔더라고 했다.

그래서 자기는 자기의 열등감을 아이들한테 투사하기 싫어서 늘 신경 썼다고 했다. 말 한마디 한마디를 늘 부드럽게 하려고 애쓰셨다고 한다. 자녀가 3명인데 2명은 의사고 막내딸은 S대 미대를 나와 유명한 광고회사 집안으로 시집을 갔다. 막내딸은 그런 집안의 며느리인데도 본인이 교육 인터넷 플랫폼 회사를 차려서 승승장구한다고 했다. 노부인은 어떤 열등감도 가지지 않은 훌륭한 인격을 가진 분이었다. 항상 온화하고 만나는 모든 사람에게 먼저 베푸셨다. 장미꽃보다 더 활짝 미소를 짓는 그 노부인을 보면 나도 모르게 행복한 마음이 담장을 타고 흔들거렸다.

진경이가 초등학교 2학년 때의 일이다. 친구가 하는 스즈끼 음악학원에서 첼로를 배우고 있었다. 그 당시 스즈끼 학원에 다니는 아주 총명한 자매가 있었다. 바이올린과 첼로를 배우고 있었는데 둘 다 남다른 재주가 있었다. 엄마는 초등학교 교사였다. 대화를 나누어보니 엄마가 아주 똑똑했다. 나이가 많고 수입이 적은 남편과는 진실한 사이 같지가 않았다. 자주 만나다 보니 속 이야기도 하게 되었다. 엄마는 딸 둘을 자신과는 다르게 아주 멋지게 키우고 싶어 했다. 자신의 경제적 어려움을 다른 곳에서 찾고 있었다. 이 엄마는 딸들을 무섭게 협박하며 연습을 시킨다고 했다. 부엌칼을 가져다 놓고 연습 안 하면 너랑 나랑 죽는다고 했다고 한다. 듣는 나도 무서워서 소름이 끼쳤다. 연습을 안 하면 1~2대 때려줄 수는 있어도 부엌칼이라니. 엄마들이 아이들을 기를 때 항상 교양 있고 균형 잡힌 훈육을 할 수는 없다. 그러나 이런 훈육 방법은 목적을 위해서는 수단과 방법을 가리지 않아도 된다고 가르치는 것과 같다.

그로부터 10여 년이 지난 후, 진경이가 독일의 에센 폴크방 국립음대에서 공부할 때였다. 첼로 연습하다가 진경이가 친구와 뒤셀도르프에 놀러 나갔다. 그곳에서 스즈끼 학원 다닐 때의 그 언니와 마주쳤다. 언니는 술집에서 일하며 담배도 피우고 있었다고 했다. 독일에서는 여자가 담배를 피우는 것이 일반적이다. 유학생들은 돈이 없어서 파는 담배는 못 피운다. 하루에 5,000원 정도가 들고 집에서 부쳐주는 학비에는 담배 값이 포함되지 않기 때문이다. 그러니 담배가루와 작게 자른 종이를 사서 말아서 피운다. 그 언니는 진경이에게 절대 어디 가서 자기를 만났다는 얘기하지 말아 달라고 했다고 했단다. 서울예고 시험도 봤는데 떨어져서 독일 유학을 왔는데 거기서도 잘 적응하고 있지 못한 듯 했다. 엄마의 경제적 열등감을 자녀에게 잘못 투사한 케이스라고 할 수 있다.

유년의 상처 때문일 수도 있고 더 심리학적으로 접근해봐야 알 일이다. 개개인의 열등감이란 더 깊이 들여다봐야 알 수 있는 일이다. 긍정적 사고방식을 가지고 지혜롭게 인생을 살고자 하지만 그것이 쉽지가 않다. 자기도 모르게 과거의 무의식 속에 숨겨진 '나'가 현재의 '나'를 삼켜버릴 때가 있는 것이다. 자녀를 양육하면서 가장 싫을 때가 나의 가장 싫어하는 점을 아이가 그대로 할 때라고 한다. 나도 내가 싫어하던 나의 약점이 아이에게 그대로 나타날 때 정말 싫었다. 나이가 들면 아이가 나보다 판단력이 나아지는 때가 온다.

독일에 유학 가서 방황하는 유학생들을 많이 보았다. 진경이의 집은 쾰른역 광장 건너편에 있었다. 광장 건너편에 메리어트 호텔이 있고 그 옆이 진경이 집이었다. 쾰른 음대 시험 때가 다가오면 캐리어를 끌고 지나가는 소리가 요란했다. 골목길은 돌바닥과 시멘트로 깔려 있어서 아주 시끄럽다. 시끄러운 소리에 창밖을 내려다보면 우리나라 학생과 엄마가 같이 지나갔다. 검은색 짧은 코트를 입은 엄마와 뭔가 진지한 얼굴의 동양인 학생, 그들은 한국인이다. 나도 저랬는데 그런 생각이 나서 웃음이 나왔다. 나도 비장한 마음을 안고 독일로 진경이와 함께 갔다. 한국 유학생들은 대부분 흐리고 비가 자주 내리는 을씨년스러운 독일 날씨 때문에 힘들어한다.

자신의 사회적 경제적 열등감을 자녀에게 투사한 경우에 안 좋은 결과가 나오는 예를 많이 보았다. 더욱이 힘든 상황을 이겨나가야 하는 유학생들 입장에서는 2배 힘든 상황에 처하게 된다. 결국 열등감을 좋게 사용한 경우와 열등감을 안 좋은 방향으로 사용한 경우가 있는데, 부모는 아이가 올바르게 자랄 수 있도록 최선의 방법을 선택하여야 한다.

2

기운 빼는 말보다 힘이 되는 말을 하라

악기를 전공하는 학생들은 공부하는 학생들이 독서실에 가듯이 악기 연습실에 가서 연습한다. 집에서 연습하는 학생들도 있지만, 집에는 유혹하는 것들이 아주 많다. 예를 들면 냉장고, TV, 컴퓨터 등등이다. 현악기는 현악기끼리 피아노는 피아노끼리, 관악기는 관악기끼리 연습을 한다. 방음이 된 방이지만 서로 옆에서 연습하는 것을 들으면서 본인도 열심히 하게 되는 것이다. 가끔 어머니들이 감시 차 들어갈 때가 있다. 특히 고3 입시 때가 그렇다. 그럴 때 큰소리가 나고 엄마는 아이를 야단치고 아이는 울거나 대든다. 고3 입시 때는 학생이나 엄마나 스트레스가 포화 상태이다. 입시를 한 달 정도 남겨놓고 더욱 극에 달한다. 서로 신경이 날카로울 대로 날카롭게 날이 서 있다. 그럴 때 어머니들은 아이에게 기운 빼는 말보다 힘이 되는 말을 해주어야 한다. 내가 겪은 소중한 경험을 나누고자 한다.

초등학교 때부터 콩쿠르만 나가면 1등을 하는 K라는 아이 엄마가 있었다. 그 애 엄마와 우리 몇몇 엄마들이 같이 악기 연습실을 쓰기로 했다. 나는 그때 목동에 살고 있었다. K라는 애가 특별히 잘하니까 같이 옆방에서 연습하면 많은 도움이 될 것 같았다. 소리와 테크닉 훈련을 어떻게 하는지 등등. 나는 목동에서 매일 강남에 있는 연습실에 가서 엄마들과 같이 연습시키다가 밤 12시가 넘어서 집으로 갔다. 알고 보니 K는 연습을 많이 하는 아이는 아니었다. 일찍 첼로를 시켰기 때문에 음정이나 테크닉 훈련 등의 기초 훈련이 잘되어 있는 아이였다. 뛰어난 재능이 있어서 정말 조금만 연습해도 잘하는 아이였다. 나머지 아이들은 정말 열심히 노력했다. 나는 늘 마음이 초조하고 불안했다. 진경이가 늦게 시작했기 때문에 연습을 많이 시켜서 빨리 따라잡고 싶은 심정뿐이었다. 다른 사람들 말은 귀에 들어오지 않았다.

우리는 무조건 K 엄마의 말을 맹목적으로 따르기 시작했다. 매일 아이들과 전쟁을 치렀다. K 엄마와 같이 있으면 더욱 마음이 초초해지고 진경이를 자꾸 몰아붙이게 되었다. 나만 그런 것이 아니고 같이 연습실을 썼던 다른 엄마들도 같은 심정이었다. 우리는 병아리들처럼 K 엄마에게 의존적이었다. K 엄마만이 우리를 하위 계층에서 상위 계층으로 끌어 올려줄 유일한 동아줄이라 여겨졌다. K 엄마가 하는 말은 무엇이든 따라서 하게 되었다. 성공자의 말을 들어야 성공자가 될 것 같았다. K 엄마는 위기감을 잘 조성할 줄 알았다.

날이 갈수록 진경이와 나는 점점 초초해졌다. 나는 점점 초조해지니 자꾸 진경이에게 부정적인 말만 쏟아내고 있었다. 순전히 나의 욕심이 부른 화근이었다. 계속해서 아이에게 기운 빼는 말만 골라서 하게 되었다. 진경이는 무대 공포증을 이겨내지 못하고 있었다. 같이 연습하던 아이들과 엄마들 모두 한결같이 열심히 했다. 우리 아이들은 모두 K 엄마에게 레슨을 받게 되었다. 연습실 아이들도 모두 K 엄마에게 매우 의지했다. 처음 몇 달은 아이들도 도움이 많이 된다고 했다. 내가 주위에서 보면 그런 엄마들이 몇몇 되었다. 한 엄마의 사실무근인 이야기를 듣고 그쪽으로 쏠렸다가 또 저쪽으로 쏠렸다가…지금도 그러는 엄마들이 꽤 있다.

그러나 오랜 시간이 흘러 생각해보면 그것은 크게 도움이 되지 않았다. 물론 열심히 연습한 것은 크게 도움이 되었다. 극심한 경쟁에서 살아남으려는 엄마들과 아이들에게 자신의 이익을 위해 엄마들을 혼동으로 몰아가는 분위기에 속지 말기 바란다. 진정한 전문가들인 실력 있는 선생님의 도움을 받기를 권한다. 암에 걸리거나 고치기 힘든 병에 걸렸을 때 우리는 전문가인 의사의 도움을 받아야 하는 것처럼 공부나 악기도 마찬가지로 전문가의 도움을 받기를 바란다.

시간 낭비는 돈 낭비보다 더한 고통이고 손실이다. 자신의 이익만 추구하는 사람 말고 중심을 잡고 객관적인 판단을 해주는 상담가를 찾아보기를 권한다. 그때 우리 아이들은 연습을 많이 해 테크닉은 늘었지만 그와 함께 큰 시련도 겪었다. 정신적인 것이 얼마나 중요한 것인지 그때는 알아채지 못하였다.

"틀렸다! 안 된다! 너는 그것이 한계다!"

그렇게 나는 매일 기운 빼는 말만 하였다.

테크닉 연습은 잘하고 있었지만, 아이들은 점점 자신감을 잃어가고 있었다. '잘할 것이다. 잘하고 있다.'라는 말만 들어도 힘이 드는 훈련이었다. 자신감이 무대에 서는 사람에게는 생명과도 같은 것이다. 오직 하나의 조명이 집중적으로 쏟아지는 한 시간 반의 무대에서 누구의 도움도 없이 혼자 오롯이 연주를 해내야 하는 운명을 가진 연주자들에게 자신감은 생명과 같은 것이다.

아이들이 콩쿠르를 나가면 아무 말도 하지 말고 무조건 바위처럼 믿어 주어야 한다. 맛있는 것만 사다 주어야 한다. 우리는 그것을 알아채는 데 3년이나 걸렸다. 공부를 하는 아이들도 마찬가지이다. 자신감을 잃으면 아는 문제도 틀린다. 우리 아이들은 그렇게 많이 연습하고도 무대 위에서 맨날 멈추거나 틀렸다. 무대 공포증을 완전히 극복하는 데에 10년이나 걸렸다. 독일에서는 경쟁보다는 연주할 때에 따뜻한 시선으로 개인의 장점에 격려를 해주었다. 잘하는 연주자가 있으면 무대 뒤로 찾아가서 '너무 잘한다! 너의 음악에 큰 감명을 받았다!'라며 초콜릿 같은 것을 선물하고 돌아간다. 그들은 그렇게 표현해주고 격려해주었다.

진경이와 M이라는 아이가 무대 공포증을 극복하는 데 큰 도움을 주신 중요한 분이 계시다. 광제스님이라는 분이다. 아이들을 데리고 절에 가면 참선하는 법을 가르쳐주셨다. 가부좌를 틀고 앉아서 처음에는 10분씩 하게 했다. 한 달이 지나고부터 30분씩 시키셨다. 1년이 지나자 1시간씩 하게 되었다. 어느 정도 진경이가 조금씩 나아지자 나는 그 시간에 첼로 연습을 하는 것이 좋겠다고 생각했다. 진경이는 듣지 않았다. 그냥 자기 마음을 들여다보며 한 시간씩 앉아 있다는 건 기적이었다. 펄펄 끓는 10대 청소년기였다. 그렇다고 어느 날 기적이 벼락처럼 갑자기 찾아오는 것은 아니었다. 기적은 올 때가 되면 천천히 슬며시 온다. 나는 독일에 매일 전화를 해서 연습하라고 하지 않았다. 그러나 매일 "명상했니?

명상 꼭 하고 자!"라고 했다. 집에서 2년을 명상을 배우고 갔으니 습관이 되어서 매일 명상을 하고 잤다고 했다. 명상의 힘은 강력했다. 분별력과 통찰력이 생기고 심력이 커지는 거였다. 10년쯤 하고 나니 음악도 깊이가 생기고 여러 면에서 분별심이 생기게 되었다. 참 신기한 일이다. 기적은 기적같이 오지 않고 슬며시 내 옆에 와 앉아 있었다. 그것을 눈치 채는 데도 시간이 한참 걸렸다.

나는 동환이도 같은 방법을 썼다. 잠들기 전에 꼭 명상을 10분씩 하고 자게 했다. "공부했니? 숙제했니?"라고 묻지 않았다. "명상했니?"라는 말은 이 2가지 의미가 포함되어 있는 함축된 표현이었다. 실제로 이 명상 훈련 덕분에 2011년 수학능력평가를 흔들리지 않고 잘 볼 수 있었다. 문제가 어렵게 나왔다. 공부 잘하던 동환이 친구들도 멘붕이 와서 많이 틀렸다. 동환이는 시험이 끝나고 어두운 얼굴로 망했다고 했다. 끝나고 아빠와 셋이 양평에 있는 갈빗집으로 데려갔다.

"수고했다. 너무 걱정하지 마. 우리 긴 인생에 1년은 아무것도 아니야!"

갈비를 다 먹어갈 즈음 인터넷을 들어가 보더니 웃으며 자기가 잘 본 것 같다고 했다. 문제가 어렵게 나와서 상대적으로 시험을 잘 본 셈이었다. 나는 진경이에게 했던 실수들을 5년 후 동환이한테는 하지 않았다.

언제 무엇을 시켜야 하는지 정확하게 알기 때문에 헛고생을 하지 않았다. 동환이한테는 강압적으로 공부하라고 말할 필요가 없었다. 그냥 옆에 앉아서 퀼트를 했다. 바느질하다 보면 "저 잘게요." 하고 서재에 불을 끄고 자러 들어갔다. 고3 때는 동환이가 옆에 있어 달라고 했다. 동환이도 엄마가 없으면 자꾸 딴짓하고 싶어서 그랬다고 했다. 동환이한테는 야단을 쳐도 항상 먼저 자존감을 세워주고 그다음에 야단을 쳤다.

자존감이 높은 아이로 키워야 한다. 그래야 자신감이 생겨난다. 기운 빼는 말보다 힘이 되는 말로 아이의 자신감을 키워주자. 그것만이 엄마가 할 수 있는 가장 위대한 일이다.

아침을 귀하고 소중하게 보내라

늘 우리 학년에서 첼로를 제일 잘하는 S의 엄마는 초등학교 2학년 때부터 아침에 한 시간씩 첼로 연습시키고 학교를 보냈다. '조 트리오'의 어머니인 김순옥 여사님도 아침에 일찍 일어나서 30분씩 연습을 하고 학교에 보냈다고 책에 쓰셨다. 아침을 소중하게 보내서 성공한 예는 많이 있다.

『하버드 부모들은 어떻게 키웠을까』에 보면 메기 영의 부모님 얘기가 나온다. 바이올린 학원을 운영하며 메기 영을 줄리어드에 보낸 이야기이다. 엄마는 5시 15분쯤에 가장 먼저 일어나 아이들을 깨웠다고 한다. 그래서 4명의 아이들은 모두 씻고 아침을 먹은 뒤 6시부터 연습을 한 후에

학교에 갔다고 한다.

하루에 한 시간씩 일찍 일어나 첼로를 연습하고 학교에 갔다면, 1년이면 365시간이다. 그것이 6년 쌓이면 2,190시간이 되고 12년이면 4,380시간이 된다. 그것이 쌓여서 위대한 음악가가 탄생하는 것이다. S는 훌륭한 첼리스트가 되었다. 엄마의 지극한 20년의 정성이 훌륭한 첼리스트로 성공시킨 것이다. 나는 지금도 S의 열성적인 팬 중의 한 사람이다. 아침마다 아이를 일찍 깨워 1시간씩 연습을 시켜 초등학교를 보냈던 어머니의 지극한 정성의 결과이다.

나는 늦게 일어나는 습관이 있다. 그러나 아이들이 학교에 다닐 때는 누구보다 일찍 일어났다. 그리고 누구보다 도시락 반찬을 맛있게 싸주었다. 애들이 대학을 가고 나서 천천히 나의 습관이 바뀌었다. 지금은 아이들도 늦게 일어난다. 아이들이 일이 있으면, 새벽에도 일어나서 나가고 일이 없을 때는 늦게 일어나기도 한다. 나는 아이들에게 뭐라고 하지 않는다. 아이들이 알아서 할 일인 것이다.

아침에 한 시간 일찍 일어나 준비한다면 공부를 못 할 일이 없다. 아침에 한 시간 단어를 외우는 시간으로 활용해보라. 몇천 단어를 외울 수가 있다. 그것을 3년만 지속할 수 있어도 위대한 성과를 이룰 것이다. 나는 시간이 아까워서 밥 먹을 때에 신문 사설을 4개씩 오려서 읽어주었다. 동환이가 듣거나 말거나 중요하지 않았다. 학교 갈 때 매일 차 안에서 15분 동안 영어 듣기평가를 틀어주었다. 그래서였는지 듣기 문제는 틀린 적이 없었다. 아무거나 영어로 된 것을 틀어주었다. 매일 졸다가도 들었을 것이다. 한 번도 빼먹은 적이 없었다.

우리 집은 아침부터 소리 지르며 애들 깨우고 씻으라고 소리 지르는 날이 잦았다. 한 번도 애들을 꾸중한 적이 없던 남편은 아들에게 말했다.

"아빠는 다른 것은 몰라도 아침부터 기분 나쁘게 시작하고 싶지 않다. 그러니 기분 좋게 일어나는 거 하나만 지키자!"

그날부터 아들을 한 번도 깨우지 않았다. 알람 소리 듣고 스스로 일어났다. 아빠의 엄하고 화난 목소리를 처음 들어서 무서웠다고 했다. 엄마의 큰 목소리는 아이들에게 일상의 불협화음 멜로디 같은 것이다. 아빠는 그렇지가 않다. 일상에서는 엄마는 상처를 주고 아빠는 위로를 해주는 식이었다. 그러던 아빠가 요구하는 단 하나가 '아침에 기분 좋게 시작하기'였다.

초등학교, 중학교를 걸어서 자유롭게 다니던 동환이가 고등학교 때는 버스와 지하철을 갈아타고 1시간이나 걸려서 학교에 다니게 됐다. 자가용으로 가면 15분이면 될 거리였기에, 45분을 절약하기 위해 차로 데려다주겠다고 했다. 동환이는 처음에 친구들이 보면 창피하다고 싫다고 했다. 자기는 대중교통을 이용하겠다는 것이다. 아침에 아무리 빨리 준비를 해도 1시간이 걸리는 동환이는 나중에는 데려다달라고 부탁했다. “엄마, 오늘 급한데 데려다주실 수 있으세요?” 아침에 식탁에서 밥 먹을 때 사설도 읽어주고 차 안에서 텝스 영어 테이프도 틀어주었다. 처음에는 엄마의 간섭을 받기 싫어하더니 나중에는 시간을 잘 활용하는 기회로 여겼다.

40대 초반의 영주 씨가 있다. 아들이 초등학교 3학년, 딸이 초등학교 1학년이다. 친구의 조카라서 친구가 모임에 나오면 이 꼬맹이들 자랑을 해서 알게 되었다. 이 꼬맹이들은 아침에 일어나면 눈을 비비고 바로 잠언 책을 필사한다. 그리고 책 한 권을 읽고 학교에 간다고 했다. 너무 똑똑해서 꼬맹이들의 언어 수준이 대학생 언어 수준이라고 친구가 자랑을 했다. 엄마 영주 씨를 보면 충분히 그리 키웠을 거라고 짐작이 간다. 요즘 젊은 엄마답게 야무지고 똑똑하다. 현재 자신의 위치와 상황을 정확히 판단하고 거기에 딱 맞게 아이들을 잘 키우고 있다. 아이들한테 쓰는 자녀교육비도 정확하게 판단하고 써야 한다. 나는 그런 것을 잘하지 못했다. 돈을 교육비에 많이 낭비한 케이스이다. 젊은 엄마 영주씨는 아이들에게도 교육 투자를 해야 할 때와 하지 않아도 될 데를 정확히 판단하고 쓰고 있다. 자기 일도 하면서 아이들도 훌륭히 기르고 효녀 딸이고 남편과 사랑이 두터운 그녀. 참 예쁘고 사랑스럽다. 그때로 돌아간다면 영주 씨처럼 사랑스러운 존재로 살아가고 싶다. 지혜롭게 자기 삶을 알차게 꾸려 가는 모습이 보기 좋다. 남인 내가 보기에도 행복하다. 자녀교육은 나의 꿈이 자라나는 것이다. 부모가 되었다면, 할 수 있는 한 최선을 다하여야 한다. 그것이 결국 나의 인생도 가꾸어가는 지혜인 것이다.

우리 집 화장실에는 여러 가지 문구가 쓰여 있다. 그중에 칫솔질하면서 보라고 거울 옆에 박목월의 「아침마다 눈을 뜨면」이라는 시를 붙여 놓았다. 20년째 그 자리에 붙어 있다.

아침마다 눈을 뜨면
환한 얼굴로 착한 일을 해야지 마음속으로 다짐하는
나는…
그런 사람이 되고 싶다.

(중략)

빛같이 신선하고 빛과 같이 밝은 마음으로 누구에게나 다정한,

누구에게나 따뜻한 마음으로 대하고 내가 있음으로

주위가 좀 더 환해지는, 살며시 친구 손을 꼭 쥐어주는,

세상에 어려움이 한두 가지랴,

사는 것이 온통 어려움인데 세상에 괴로움이 좀 많으랴.

사는 것이 온통 괴로움인데, 그럴수록 아침마다 눈을 뜨면

착한 일을 해야지 마음속으로 다짐하는

나는……

그런 사람이 되고 싶다.

서로가 서로를 돕고 산다면, 보살피고 위로하고 의지하고 산다면

오늘 하루가 왜 괴로우랴.

웃는 얼굴이 웃는 얼굴과 정다운 눈이 정다운 눈과

건너보고 마주보고 바라보고 산다면,

아침마다 동트는 새벽은 또 얼마나 아름다우랴.

아침마다 눈을 뜨면 환한 얼굴로 어려운 이 돕고 살자,

마음으로 다짐하는

나는…

그런 사람이 되고 싶다.

우리 집에 친구들이 와서 화장실에 들어가면 어김없이 이 시를 사진 찍어서 가지고 간다. 참 좋은 시이다. 아침에 이 시를 읽으면 마음이 천

사같이 깨끗해지고 착하게 살아야지 마음먹게 되는 시이다. 이 시를 사진 찍어가는 지인들은 모두 천사가 될 소질이 있는 것이다.

주파수를 아이와 같이 맞춰라

진경이가 초등학교 3학년 때 첼로를 시작했다. 그때부터 진경이와 나는 샴쌍둥이처럼 붙어 다녔다. 친구들보다 엄마하고 모든 순간을 함께 했기 때문에 말이 제일 잘 통하는 사이가 되었다. 서스펜스와 스릴이 넘치는 콩쿠르와 실기시험 현장에 함께 했으니 공유하는 추억도 당연히 많다. 악기를 시킨 엄마들이 다 그럴 것이다. 특히 첼로, 베이스, 하프 등은 차로 태워주어야 한다. 악기가 커서. 차 안이라는 좁은 공간에 둘만 이동하게 되니 야단도 차에서 맞는다. 차 안에서 얘기도 제일 많이 나누게 된다. 음악도, 공부도, 식사도 차 안에서 했다. 조그만 밥상을 싣고 다니면서 도시락을 먹었다. 그래야 시간을 절약할 수가 있다. 절약한 시간만큼 연습시간이 확보되었다. 1년, 2년, 5년, 자투리 시간을 모아보라. 얼마나 큰 시간을 만들 수 있는지.

동환이는 그것을 용납하지 않았다. 차 안에서 먹는다는 것을 이해할 수 없다고 했다. 그러나 고3이 되더니 도시락을 가지고 오라고 했다. 나는 차 안에서 먹을 수 있도록 김밥이나 햄버거를 준비해 갔다. 진경이는 차 안에서 찌개나 국을 먹는 아이였다.

동환이도 진경이도 이동하는 차 안에서 친구들과 일어났던 소소한 이야기를 나누게 되었다. 나는 어려서부터 네가 어떤 잘못을 해도 엄마는 항상 네 편이라고 말해왔다. 실제로 그렇게 했다.

"네가 어떤 순간에도 네 등 뒤에 항상 엄마가 서 있을게!"

동환이는 어려서부터 워낙 꼼꼼하고 정확해서 별로 실수를 하지 않았다. 야단맞을 짓도 별로 하지 않았다. 6학년 때였다. 나는 너무 바빠서 학기 초가 되어도 동환이 담임 선생님께 인사를 못 갔다. 진경이 때문에 바쁘기도 했지만, 동환이는 혼자서도 잘하는 아이라고 믿었다. 그런데 하루는 같은 반 엄마를 슈퍼 앞에서 만났는데, 학교 좀 찾아가보라는 것이었다. 걱정된다는 거였다. 담임 선생님이 동환이를 너무 미워해서 공공의 적을 만들어가고 있다는 거였다. 깜짝 놀라서 학교를 찾아갔다.

담임 선생님은 A4 용지를 묶은 파일을 꺼냈다. 반 아이들에게 반을 접어서 '한쪽에는 내가 누구를 욕한 일을 적어라. 다른 한쪽에는 누가 선생님을 욕한 일을 적어라.' 했다. 그런데 동환이가 거기에 이렇게 썼던 것이다. '선생님, 선생님은 지난번 계셨던 학교와 우리 학교를 왜 비교하시나요? 그것은 옳지 않습니다.' 담임 선생님은 그것이 너무 자존심이 상했던 것 같다. 자신의 잘못을 꼬집어 말해준 동환이가 참을 수 없이 미웠던 것 같다.

담임 선생님은 동환이가 보이스카웃 단장 선거에 나가거나, 학교 회장 선거에 나가면 무슨 핑계를 만들어서라도 못 하게 막고 있었다. 참 불쌍한 선생님이라고 생각했다. 교무실에서도 다른 선생님들한테 동환이를 나쁘게 얘기를 하니 옆 반 선생님까지 동환이를 나쁘게 보셨다. 운동회 날이었다. 다른 친구가 그네를 돌려서 탁 놔 버려서 옆 반 여자아이가 다칠 뻔한 사건이 일어났다. 그런데 옆 반 선생님이 옆에 서 있던 동환이를 다짜고짜 발로 찼다는 것이었다.

정말 머리에서 불이 날 것 같았다. 동환이가 한 게 아니라고 해도 믿어주질 않으셨다. 나는 콩나물 다듬던 옷차림으로 그대로 학교로 달려갔다. 담임 선생님은 다행히 병원에 가시고 없었다. 전화로 통화했다. 동환이 담임 선생님이 다음 날 반 아이들에게 물었다. 누가 그랬느냐고. 동환이가 아닌 것이 확인되었다. 아이가 혼자 해결할 수 없는 일이 생기면 부모는 적극적으로 개입해야 한다고 생각한다.

그런데 선생님 말씀이 안에서 새는 바가지 밖에서도 샌다는 것이었다. 나는 이 문제를 크게 확대시켜 학부모 회의를 소집하려고 했지만 남편이 말렸다. 아이들의 세계에서는 대항할 수 없는 거대한 권력자가 담임 선생님이다. 아빠는 그 거대 권력에 대항해서 틀렸다고 당당하게 말한 동환이가 잘했다고 했다.

그러나 선생님은 반 아이들 전체를 통솔해야 한다. 친구들 앞에서 선생님께 지적하는 것은 옳지 않은 방법이라고 말해주었다. 동환이는 금방 수긍했다. 한 달이 지나고, 동환이는 스승의 날 케이크를 가지고 가서 선생님께 드렸다고 했다. 졸업식에도 동환이는 담임 선생님과 사진을 찍자고 하는데 선생님이 거절하셨다.

동환이나 진경이는 둘 다 항상 좋은 선생님들만 만났다. 그런데 6학년 때 그 담임 선생님은 정말 우리가 상상할 수 없는 선생님이었다. 그 일로 동환이와 나는 참 많은 이야기를 나누었다. 그 사건으로 더 친밀하게 소통하는 사이가 되었다. 중학교 가서도 매일 학교생활을 물어보고 친구들 관계는 어떤지 공감해주었다. 그래서 나는 리액션의 여왕이 되었다. 아이들이 무슨 이야기를 하면 나는 금방 입을 벌리고 열심히 들어준다.

"정말? 그래서? 우와! 진짜?"

아이들이 나를 믿고 소소한 것들까지 얘기해주는 것이 고맙다. 엄마를 신뢰하고 있다는 것으로 느껴져서 고맙다. 그러면 더 재미있게 들어주려고 노력한다. 실제로 너무 재미있다. 우리 집은 진경이가 들어오면 4명이 다 모여서 10분이라도 그날 있었던 일을 이야기하다가 자러 들어간다. 가족끼리 여행도 잘 다니고 사이가 너무 좋은 걸 보고, 친구는 "그렇게 가족끼리 사이가 좋으면 애들이 결혼을 늦게 한다더라." 하고 이야기한다.

서로 소통이 잘되면 당연히 주파수는 맞춰지는 것이다. 남편은 아이들이 아주 어렸을 때부터 자기 배 위에 올려놓고 재우기를 좋아했다. 그리고 애들하고 똑같이 기어 다니며 놀아주었다. 새벽까지 같이 로봇도 조립해주었다. 매일 식탁 밑에 기어 다니며 같이 놀아주었다. 진경이는 커튼 뒤에 숨는 걸 좋아했다. 남편은 똑같이 커튼 뒤에 숨어서 진경이가 찾기를 기다렸다. 나는 누가 아이인지 누가 어른인지 모른다고 핀잔을 주었지만 내심 좋았다. 어디를 가든 어깨에 무등을 태우고 걸었다. 진경이는 아빠 머리카락을 잡고 어깨 위에서 통통한 다리를 흔들었다.

15년 전, 프랑스 몽펠리에라는 곳으로 진경이가 음악캠프를 간 적이 있었다. 그곳은 바다가 가까운 곳이었다. 진경이는 첼로 연습하다 지치면 바닷가를 산책했다. 저쪽에서 한 아기를 어깨에 올리고 걸어오는 건장한 체구의 프랑스 아빠를 보았다. 그걸 보자 눈물이 왈칵 쏟아지더라고 했다. 나도 저렇게 아빠한테 사랑받았는데, 아빠가 너무 보고 싶었다고 했다. 아이들 마음속에는 순간순간이 소중한 기억으로 남아 있다. 순간순간을 아름다운 추억으로 채우시라.

나는 4살만 되면 아이들에게 스키와 수영과 스케이트를 가르쳤다. 남편은 스키를 너무 잘 타서 스키장 패트롤(스키장의 안전요원)들이 가르쳐달라고 할 정도였다. 동환이보다 진경이가 운동신경이 남달랐다. 4살 때 용평 스키장에서 진경이가 스키를 타고 내려오면 스키 선생님들이 찾아와서 전공을 시키라고 했다. 스케이트를 배우러 가면 스케이트 선생님들이 나를 찾아왔다. 이 아이가 남다른 운동신경이 있는데 전공시키실 생각 없는지 물었다. 진경이는 운동을 했어도 잘할 아이였다.

내가 만나본 많은 학부형 중에 은주 엄마가 있다. 어려서부터 딸과 아들한테 첼로를 가르쳤다. 진경이가 독일에서 여름방학 때 집에 왔는데, 은주 엄마가 집으로 찾아왔다. 은주를 데리고 와서 방학에만 배울 수 있느냐고 했다. 은주 레슨을 하는데 "선생님! 아들도 첼로를 하는데요." 하다가 흑흑, 울었다. 그동안 자녀 둘 다 첼로를 시키다가 힘들고 지쳤을 것이다. 나는 한 명 시키기도 두렵고 힘들었다. 둘 다 시키려니 자그마한 체구의 엄마로서 얼마나 힘이 들었을까 짐작이 되었다. 그렇게 인연이 되었다.

은주 아빠가 유머 감각이 많으시다. 가족 간에 웃음 코드가 항상 살아 있다. 은주네 가족의 시트콤 같은 에피소드를 듣다가 너무 웃겨서 눈물이 날 때가 많다. 그러면서도 아이들이 예의 바르고 깍듯하다. 은주는 서울대 음대에, 아들인 일영이는 연대를 조기 입학하게 되었다. 아이들과 부모가 소통이 잘되고 마음속에 있는 이야기를 유머로 웃어넘길 줄 아는 집안 분위기가 아이들을 밝게 자라게 해주었다. 서울대 음대를 나온 은주는 독일 음대로 유학을 갔다. 가족들이 같이 여행도 잘 다니고 일주일에 한 번씩 꼭 외식을 한다. 참 보기 좋은 가족이다. 자녀들이 악기를 전공하고 서울대, 연대를 갈 정도면 스트레스를 많이 받았을 텐데, 구김살이 없이 잘 자라주었다. 부모님이 자녀들을 유머 감각을 잃지 않게 밝게 키우시는 모습이 옆에서 보기만 해도 유쾌해진다.

교육이란 생활 전체에서 나오는 것이지 학교나 학원에서 배운 지식만이 교육이라고 생각하지 않는다. 주파수를 아이와 함께 맞추는 일은 평소의 돈독한 가족관계에서 나온다.

최고의 컨설턴트는 엄마이다

진경이와 동환이가 어렸을 때, 내가 먼저 꿈을 정해주고 '첼리스트가 되어야 한다, 물리학자가 되어야 한다.'고 말한 적이 없다. 본인들이 원해서 그 길을 가고 있다. 그러나 한 번 정하고 나면 최선을 다해 끌어주려고 노력했다. 그 분야의 세계적인 연주가나 물리학자는 누가 있는지 관심을 갖고 찾아보았다. 아이들이 몇 살쯤 무엇을 배워야 하고, 다음 단계의 훌륭한 선생님은 누가 계신지 알아보려고 노력했다. 모든 일을 아이들과 상의하고 의논했다. 그리고 외국에서 유명한 첼리스트가 오거나 오케스트라가 오면 같이 연주를 보러 갔다. 진경이는 어려서 정말 수많은 음악회와 뮤지컬, 발레 공연, 오페라를 보았지만 다 이해하고 있는 것 같지 않았다. 그래도 데리고 다녔다.

진경이가 서울예고를 다닐 때였다. 독일의 라이프치히 음악캠프에서 마리아 클리겔이 진경이를 독일로 데려가겠다고 하셨다. 언제쯤 올 수 있느냐고 하셨다. 클래스 정원이 12명인데, 미리 알아야 계획을 세운다고 하셨다. 나는 너무 당황해서 영어를 알아듣지 못하는 척했다.

이걸 어쩌나! 진경이는 조영창 교수님의 음악을 너무 좋아해서 이미 조 선생님 클래스에 가기로 결정했기 때문이다. 조영창 교수님이 고등학교만 졸업하면 독일로 올 수 있다고 하셨기 때문이다. 주위 사람들은 한국에서 배울 수 있는데 굳이 독일까지 가서 한국인에게 배우는 것보다 마리아 클리겔한테 가는 게 옳다고 했다.

나는 진경이가 선택하는 것이 옳다고 판단했다. 예술은 예술로 판단하고 느낌을 따라가야 한다고 생각했다. 나는 쾰른 음대의 마리아 클리겔 선생님에게 한국어로 나의 입장과 진경이의 입장을 썼다. 그리고 진경이 독일어 선생님한테 번역을 부탁했다. '현재 우리는 조영창 선생님께 공부하러 가고 나중에 마리아 클리겔 선생님에게 가겠다. 정말 감사하다. 내 아이의 음악성을 알아봐 주셔서 영광이다. 꼭 다음 캠프에는 선생님을 찾아가겠다.' 이듬해 다시 찾아갔다. 나는 약속을 지켰다. 진경이는 쾰른 음대에서 마리아 클리겔 교수에게 마스터과정(석사과정)과 엑자멘(연주학 박사)을 공부했다.

진경이가 고등학교 1학년 때였다. 조영창 선생님이 대전에서 마스터 클래스를 하신다는 얘기를 들었다. 바로 전화를 했더니 오전 9시에 1시간이 된다고 하셨다. 나는 바로 진경이를 데리고 대전으로 내려갔다. 저녁에 한 번 레슨을 받고 유성호텔에서 잤다. 아침에 일찍 일어나서 9시에 한 번 더 레슨을 받고 서울로 올라왔다. 물론 학교는 가지 못했다. 한 번은 조영창 선생님이 부산에서 연주하신다는 얘기를 들었다. 나는 또 기차를 타고 부산으로 내려갔다. 음악홀에서 연주하시기 전, 리허설 시간에 또 선생님을 만나러 갔다. 그때는 선생님이 한국에 잘 오시지 않아서 레슨 받을 기회를 잡는 것은 하늘의 별 따기였다.

여름방학이 되면 프랑스 알프스산 중턱에서 열리는 뮤직알프 캠프를 따라갔다. 조영창 선생님이 계시는 곳이면 어느 곳이든 따라다녔다. 나와 진경이, 동환이까지 함께 갔다. 해외 캠프는 비용이 4배가 들었다. 나는 돈보다 시간을 아끼라는 말을 믿는다. 내가 가서 직접 보고 아이와 함께 판단하고 선택해야 한다고 믿었다. 지금도 알프스 산자락에 있는 아름다운 흰색의 고풍스러운 호텔이 생각난다. 자고 일어나면 크로와상 굽는 냄새가 온 마을에 달콤하게 퍼져 있던 행복한 기억을 아이들과 공유하게 되었다. 나는 진경이와 모든 순간, 모든 곳에 함께 있었다.

진경이가 독일에 있을 때였다. 스페인 페네리페에 있는 음악캠프에 가기로 되어 있었다. 독일에서 진경이에게 전화가 왔다. 스페인에 지진이 일어나서 안 가겠다고 했다. 그럼 선생님들도 안 가시냐고 했더니 그것은 모르겠다고 했다.

나는 "선생님들이 가시면 너도 가라."고 했다. 그랬더니 진경이의 독일 친구들이 "네 엄마 스텝마더냐?" 그랬다는 것이다. 지금도 진경이는 웃으며 엄마는 그런 사람이라고 했다. 한번은 진경이가 전화가 와서 "엄마 나 4일 밤이나 새웠어요. 너무 힘들어! 죽을 거 같아요!" 그랬다. 나는 마음이 너무 아팠다. 어린 것이 엄마 떨어져서 날씨도 우중충한 나라에서 얼마나 힘들까? 그래도 말은 독하게 나갔다. 그래야 견딜 수 있을 테니까.

"죽으면 실컷 잔단다! 그러니 괜찮아! 시험 끝나고 실컷 자!"

진경이의 독일 친구들은 '너의 엄마는 스텝마더인 게 분명해' 그랬단다. 지금은 서로 웃으며 얘기하지만, 나도 그때는 잠도 못 잤다. 그러나 진경이에게 그런 독한 마음가짐으로 공부에 임하라는 사랑이 가득 담긴 엄마의 독설이었다.

엄마는 최고의 컨설턴트이고 코치이다. 아무리 훌륭한 선수라도 코치를 잘못 만나면 망하고 마는 것이다. 피겨 스케이트의 김연아 선수나 수영의 박태환 선수가 코치를 잘못 만났더라면 그런 훌륭한 선수가 되지 못했을 것이다. 나는 동환이나 진경이에게 엄마는 프로코치이다. 너희는 올림픽에 출전하는 선수이다. 코치의 훈련을 잘 따라서 하면 금메달을 딸 것이다. 나는 그렇게 말하곤 했다.

'아이를 설득하는 건 엄마의 제일 큰 역할이다. 혀가 마비되도록 설득하고 또 설득하라.' 아이가 엄마의 말을 가슴으로 공감해야 따라온다고 늘 엄마들에게 강조했다.

나는 스티븐 코비의 『성공하는 사람들의 7가지 법칙』을 읽고 많은 영감을 받았다. 독일 진경이의 방, 부엌, 화장실 벽에 늘 붙여두던 글귀이다.

1. 자신의 삶을 주도하라. 인생의 코스를 스스로 선택하라. 성공하는 사람들은 자신이 할 수 없는 일에 집착하거나 외부의 힘에 반응하는 대신, 할 수 있는 일에 집중하며 자신의 선택과 결과에 책임을 진다.
2. 끝을 생각하며 시작하라. 자신이 어디로 향하고 있는지 알기 위해서는 전반적인 인생 목표를 포함해 최종 목표를 정해야 한다.

아이들은 끝을 생각할 줄 모른다. 부모는 아이의 미래를 짐작할 수 있다. 그래서 아이들의 성향을 고려하여 좋은 판단을 내릴 수 있다. 진경이가 서울예고만 졸업하고 서울대 음대 입학시험을 보지 않고 바로 독일로 간 것은 지금 생각하면 잘한 일이었다. 하지만 그때 분위기로는 한국에서 서울대 음대를 졸업하고 가는 것이 맞는 분위기였다. 서울대 음대 1학년만 다니고 유학 가는 친구들도 있었다. 내 아이의 재능이 서울대 음대 갈 실력이 된다는 것을 증명하기 위해 입시를 보는가? 나는 그것은 아니라고 판단했다. 조기 유학을 하려면 학연이 주는 안전함 같은 것은 뛰어넘어야 한다고 생각했다. 진경이한테도 열심히 하지 않으려면, 외화를 낭비하며 조기 유학 갈 필요는 없다고 잘라 말해주었다. 무모한 도전이었다. 무모한 도전을 해야 기적이라는 찬스를 만날 수 있다.

독일에 있는 진경이에게 연주가 잡혀 있었다. 반주자는 프랑스인 피아니스트였는데 파리에서 진경이 반주를 위해 와 있었다. 그때 내가 한국에 있었기 때문에 전화를 켜놓고 리허설을 하라고 했다. 당시에는 전화비가 정말 비쌌다. 진경이가 반주자에게 엄마가 전화로 리허설을 듣겠다고 한다고 했더니 너무 당황하면서 잠깐 기다려달라고 했다. 반주자는 10분 동안 열심히 손을 풀었다. 그러더니 얼굴이 빨갛게 상기되어서 "이제 됐다, 해보자!"라고 했다.

독일 유학생 중 나와 같이 극성인 엄마는 없었다. 그러나 외국 엄마 중에도 비디오 갖고 다니며 캠프에서 녹화하는 열혈엄마도 있었다. 학교 앞이 진경이 집이었는데 갈 때마다 나는 늘 친구들을 불러서 파티를 해 주었다. 진경이 외국 친구들은 불고기가 먹고 싶으면 "진경!! 너희 엄마 언제 오니?" 하고 물을 정도였다. 딸바보인 남편은 내가 진경이한테 간다면 언제나 기쁘게 보내 주었다.

"소중한 것을 먼저 하라. 긴급함이 아니라 중요성을 기반으로 일의 우선순위를 정하고 우선순위에 따라 일을 수행하라."

나는 지금 진경이를 도와주어야 할 때라고 판단하면 바로 독일로 날아갔다. 동환이는 5년 터울이니 고2, 고3을 도와주면 될 거라고 판단했다. 그것이 동환이 기말고사 때가 되어도 독일로 갔다.

자녀는 꿈을 향한 꾸준한 노력을 하고 부모는 혼자 독립할 수 있을 때까지 도와야 한다고 생각한다.

6

내 아이와 맞는 선생님을 알아보라

다른 것은 몰라도 내 아이와 맞는 선생님을 알아보는 능력이 나에게 있는 것은 확실하다. 진경이가 고2 때 유로뮤직 캠프에 참가하기 위해 프라하로 갔을 때였다. 진경이가 쾰른 음대 교수인 마리아 클리겔의 레슨을 받았다. 레슨이 끝났을 때 내가 "당신의 레슨이 너무 좋았다. 다음 캠프지는 어디인가?"라고 물으니 "다음 캠프지는 루마니아다."라고 했다. 그러면서 나한테 명함에 자기 전화번호와 이메일 번호를 적어주었다.

진경이에게 레슨을 하시며, 계속 "Very nice, Exellent!"를 외치셨다. 몇 달 후, 가을에 어떤 남자한테 전화가 왔다. 자기는 한국에서 독일로 유학할 학생들을 데리고 독일의 유명한 선생님들께 레슨을 받게 해준다고 했다. 그는 독일 유학원 원장이라고 했다. 그분이 마리아 클리겔 선생님께 메일을 보냈더니 '한국에 진경 원이라는 아이가 있다. 그 앨 데려올 수 있겠느냐'고 했단다. 영광스러운 일이었으나 그때는 사정이 있어서 가지 못했다.

진경이 고등학교 1학년 때였다. 겨울 캠프가 끝나자마자 남편과 나는 조영창 교수님을 찾아가서 레슨을 부탁했다. 오실 때마다 한 번씩 레슨을 받고 싶다고 했다. 조영창 교수님은 난처한 얼굴로 웃기만 하셨다. 그래서 나는 국내외 조영창 선생님이 가시는 곳은 어디든 진경이를 데리고 따라 다녔다.

제아무리 뛰어난 아이도 훌륭한 선생님의 지도하에 퀀텀 점프를 할 수 있는 것이다. 나는 항상 아이들에게 말한다.

"선생님은 너희를 바로 수직상승할 수 있게 해주시는 분들이다. 선생님께 항상 질문하고 신뢰하고 따라야 한다. 네가 혼자서 열심히 하는 것의 몇 배를 더 뛰어넘게 해주실 것이다."

진경이가 마스터 클래스를 받으면 어떤 선생님이든 다른 학생들보다 30분 이상 더 해주실 때가 많았다. 악기 레슨은 1:1이기 때문에 서로 공감하고 교감하는 작업이다. 선생님이 가르치는 것을 스폰지처럼 흡수한다고 생각해보라. 선생님들도 예술가이기 때문에 음악에 깊이 몰입되어서 시간이 가는 줄 모르고 레슨해주실 때가 많다.

항상 아이의 의견에 귀를 기울이고 아이가 원하는 학원이나 선생님과 하는 것이 훨씬 효과가 좋다. 선생님도 인간이기 때문에 엄마가 정성을 기울이는 학생에게 조금이라도 에너지가 가는 것이다. 유명한 입시 무용 학원 원장님인, 진경이 친구 엄마가 하신 말이다. "왜 그런지는 몰라도, 똑같이 무용을 연습시키는데도 엄마가 지극정성인 아이가 더 붙는다. 더 해주는 것이 없는데도. 뭔지 모르는 알 수 없는 에너지가 그 애한테 가는 것만 같다." 맞는 얘기이다.

동환이는 초등학교 3학년 때부터 막내 이모 친구인 송광석 수학 선생님하고 부담 없이 수학을 했다. 공부라고 할 것도 없었다. 숙제도 한 번도 안 내주셨다. 그때는 선생님이 대학생이었다. 지금도 송광석 선생님이 참 고맙고 감사하다. 차근차근 놀이하듯이 하던 수학에 재미를 붙였다. 동환이는 몇 년 후, 수학은 누구보다 잘한다는 자신감을 갖게 되었다. 엄마들은 수학 진도를 빨리 빼달라고 선생님에게 요구한다. 나는 그런 부탁을 한 적이 없다. 수학 진도를 빨리 빼놓는다고 수학을 잘하는 것은 아니기 때문이다. 느려도 아이가 다 이해하고 심화학습을 할 수 있는 정도가 되어야 한다고 생각했기 때문이다.

송광석 선생님과 7년 정도 함께한 것 같다. 선생님이 이민 가셔서 못 하게 될 때까지 함께했다. 그 후 나는 송광석 선생님과 비슷한 성향을 지닌 김성현 선생님을 만나게 되었다. 김성현 선생님은 대치동 수학학원 선생님이셨는데 동환이에게 먼저 연락해보라고 했다. 그 후 대학 입시 때까지 선생님과 함께했다. 내 아이와 선생님이 코드가 잘 맞는지 안 맞는지 엄마가 잘 체크해야 한다. 학원을 고를 때는 동환이와 의논을 했다. 돈만 내주면 부모로서 할 일 다 한 것이라는 안심은 하지 말자.

동환이가 중3 되던 어느 날, 나는 대치동 학원가를 봄비를 맞으며 울면서 걸어 다녔다. 동환이가 학원을 알아봐달라고 했다. 그런데 그 많고 많은 학원 중에 어디로 아이를 보내야 할지를 몰라서 울고 다녔다. 동환이한테 너무 미안해서. 항상 진경이 위주로 살다 보니 동환이는 늘 뒷전이었다. 동환이는 엄마가 학교에 오는 걸 좋아했다. 동환이는 학교 참관수업에 엄마가 와 있는지 꼭 확인하였다. 보통 남자아이들은 엄마가 학교에 가는 걸 싫어하는데 동환이는 그렇지 않았다. 얼마나 엄마가 학교를 안 가봤으면 그럴까 생각하면 미안하기 그지없다.

공부보다 더욱 선생님과 잘 맞아야 하는 것이 첼로다. 내 아이가 음악적이지 않고 모범생처럼 연습하는 아이라면 가능하면 음악적인 선생님과 레슨을 받아야 한다. 테크닉과 소리는 나중에 연습하면 거의 다 잘하지만 음악은 그렇지가 않다. 독주회는 1시간 30분 정도의 프로그램인데 얼마나 지루하겠는가!

아이가 고등학생이 되면 선생님과 아이가 생각하는 음악이 맞지 않을 때가 있다. 고등학생이 되면 아이는 음악에 대한 취향이 확고하게 생기기 시작한다. 그러면 선생님과 마찰이 생기기도 한다. 선생님과 솔직하게 얘기해야 한다. 아이가 원하는 음악이 이론적인 근거에 의하여 맞는 것인지도 고려해야 한다. 바로크 음악인데 낭만처럼 노래한다든지 낭만을 고전처럼 연주한다면 잘못 배우는 것이니 말이다. 무엇이든 선생님과 의논하고 방법을 같이 연구해야 한다.

요즘은 혼자 유튜브 보고 짜깁기를 하는 학생들이 많다. 요즘에는 유튜브로 보고 흉내를 많이 내는데 그것도 동기부여 차원에서 좋은 방법이기는 하다. 그러나 음악도 기승전결이 있고 소설처럼 스토리가 있는 것이다. 앞부분은 이런 칼라로 노래하다가 중간 부분은 영 다른 칼라로 일관성 없이 노래한다면? 처음부터 끝까지 하나의 스토리로 일관성이 없다면 전형적인 짜깁기의 예다.

지금 내가 쓰고 있는 글을 진경이가 읽는다면, 비웃을지도 모른다. 서

당개 3년이면 풍월을 읊조린다. 나는 15년 가까운 세월을 진경이 옆에서 레슨을 따라다녔다. 웬만한 국제 콩쿠르 심사도 할 수 있을 것 같다. 첼로 선생님들이 읽으시면 웃으실지 모른다. 실제로 교수님들과 나는 의견이 일치될 때가 많다. 사석에서 선생님들이 얘기하시는 것을 들어도 그렇다. 이제는 진경이의 음악에 토를 달 처지가 아니어서 뭐라고 하지 않는다. 고등학교까지는 레슨 갔다가 집에 가는 차 안에서 잔소리를 하려 하면 진경이는 자는 척을 했다. 듣기 싫다는 표현이다. 나는 아랑곳하지 않고 잔소리를 하면서 갔다. 나중에 보면 듣지 않는 척했지만 다 듣고 있었다. 남편은 바가지 긁으면 밖으로 돌고, 자식은 잔소리로 키워야 잘된다고 했다.

그래도 끝까지 인정하는 것은 엄마가 자기를 위해서 헌신하고 있다는 것은 어려서부터 알고 있었다. 중학교 2학년 때, 진경이는 집에서 첼로를 옆으로 뉘어놓고 쉬다가 첼로를 넘어가다 활이 발끝에 걸려서 부러진 일이 있었다.

정말 비싼 활이었다. 어렵게 구해준 귀한 활이었다. 진경이가 첼로 연습하기를 꾀를 부릴 시기였다. 나는 이왕 활도 부러졌으니 이제 첼로를 그만하자고 했다. 진경이가 슬며시 밖으로 나가서 안 들어오는 거였다. 나는 활을 가지고 서초동의 예술의 전당 근처의 활 수리점을 찾아갔다.

집에 와보니 진경이가 아직도 들어오지 않고 있었다. 문자로 빨리 들어오라고 했다. 진경이가 들어와 울면서 말했다.

"엄마, 아무리 생각해도 나는 첼로를 해야겠어요. 나는 첼로가 너무 좋아요."

협박할 생각은 없었는데 진경이가 지레 겁을 먹고 그렇게 말했다. 그래서 나는 이렇게 말했다.

"그래? 네가 정말로 좋아하는 거 시켜주는 거니까 연습도 네 스스로 하도록 해봐."

자녀들은 자신들이 좋아하는 것을 선택한다. 그러나 그 과정이 수십 년이 걸리는데 어떻게 한결같이 연습하고 공부할 수 있겠는가! 그럴 때마다 엄마가 끌어주고 힘이 되는 말을 해주어야 할 것이다. 그러나 나도 늘 힘이 되는 말을 해야 한다는 걸 알게 되기까지 10년이 넘게 걸렸다. 지금은 너무나 잘 안다. 그래서 늘 파이팅을 외친다.

절대 앞서서 조급해하지 마라

몇 년 전 진경이가 퀸엘리자베스 콩쿠르에 나갔을 때였다. 퀸엘리자베스 콩쿠르에 나가려면 전 세계 참가자가 인터넷으로 자신의 연주 동영상과 지원서를 보낸다. 약 3,000명 정도의 지원자가 있었다고 했다. 그것을 모아서 1주일 동안 세계적인 첼리스트들이 모여서 선별하여 68명만 선정했다. 그리고 68명에게는 벨기에 왕실에서 모든 연습 과정 지원과 숙식이 무료로 제공되었다. 여자 19명 남자 47명 2명은 기권이었다.

1라운드부터 벨기에 여왕 퀸 마틸다와 킹이 함께 참관하였다. 빨간색 책자에 참가 연주자의 첼로는 어디의 누가 만든 악기이며 몇 년 된 악기라는 것, 누구의 제자이며 어느 나라 사람인지 세세히 적혀 있었다. 책자는 붉은색 표지로 연주자의 프로필과 연주곡과 사진이 고급스럽게 찍혀 있었다. 뒤쪽에는 세계적인 심사위원 10명이 길게 앉아 있었다. 심사위원석 뒤에는 연주자의 부모나 가족들이 앉는 자리가 마련되어 있었다. 가족은 무료 티켓이 나왔다. 벨기에의 청중은 돈을 주고 한 달간 계속되는 연주회 티켓을 시즌권으로 샀다. 나는 심사위원석 뒤에 자리 잡았다.

진경이는 운이 없게도 68번인 맨 마지막 번호를 뽑았다. 1라운드 심사는 1주일 동안 진행되는데 한 명당 45분 정도의 프로그램으로 연주한다. 심사위원들은 68명의 연주가 다 끝나려면 1주일간, 같은 곡을 8시간씩 들어야 했다. 점심 식사 시간이 포함되면 10시간이었다. 연로하신 심사위원들은 지친 상태에서 밤 11시에 연주하는 걸 똑바로 들어줄 수가 없다. 심사위원이나 진경이나 지치긴 마찬가지였다.

나는 그 1주일 동안 앉지도 서지도 잠을 자지도 못했다. 그처럼 초조해 보기는 처음이었다. 초조한 내색을 하지 말아야 했는데 자꾸 그릇을 떨어뜨렸다. 진경이는 엄마가 올 수 있으면 같이 있으려고 호텔에 있지 않고 민박집을 택했다고 했다. 나는 뭐라도 해 먹여야 했다. 진경이는 감기몸살이 걸려 있었다. 그 1주일이 나에게는 엄청난 고통의 순간이었다. 그 긴 기다림. '매도 빨리 맞는 놈이 낫다'는 말이 괜히 생긴 것이 아니다.

으아아악! 그 순간이 다시 온다면 나는 그곳에 다시는 가지 않겠다. 그러나 참 이상한 일이다. 날카로운 채찍과 아름다운 쾌락의 순간이 함께였다면 믿을 수 있겠는가! 정말로 아름다운 호숫가 앞에 있는 오래된 르네상스풍의 고풍스러운 음악 홀은 뭐라 형언할 수 없는 깊은 아우라가 느껴졌다. 저절로 벨기에 사람들의 클래식에 대한 정서가 느껴지는 풍경이었다. 1주일 내내 수백 명이 자리를 잡고 앉아 빨간 책자에 첼리스트 이름과 연주 실력을 자기 나름대로 점수 매겨 가며 즐기고 있었다. 이들의 수준은 그야말로 전문가 수준이었다.

앞쪽에 여왕인 퀸 마틸다와 킹이 들어오면 사회자가 멘트를 한다. 순간 일동이 기립하였다. 우리도 모두 일어나서 여왕 마틸다와 킹이 앉으면 따라서 앉는 것이었다. 그리고 시작된 콩쿠르는 1라운드부터 4라운드까지 한 달 동안 진행이 되었다. 혹시 여러분이 음악회에 가시거든 박수를 힘차게 쳐주시길 바란다. 모든 고통과 인내를 딛고 올라선 그들에게 아낌없이 박수와 격려를 보내야 한다. 숨소리, 기침 소리 하나 없는 무대에서 미세한 작은 손가락의 움직임 하나하나까지 수백 개의 눈동자가 집중하고 있다고 생각해보라. 단 하나의 실수도 용납되지 않는 무대라면 더욱 그렇다.

며칠 전, 진경이가 전화했다. 엄마가 오시고 싶으면 오라고. 내가 옆에 있어주는 것이 진경이에게 심리적으로 안정될 거 같았다. 그러나 오히려 더 안 좋은 결과만 초래했다. 나의 초조함과 진경이의 긴장감이 뒤섞여서 정신이 혼미해지고 있었다. 진경이는 감기에 몸살까지 겹쳐서 약을 먹고 무대에 올라갔다. 지금 생각하면 그럴 일이 전혀 아니었다. 밤 11시에 무대에서 자기 기량을 발휘할 수 있다면 얼마나 좋겠는가. 진경이가 연주할 시간에 심사위원 선생님들 반은 졸고 계셨다. 둘 다 정신을 차리지 못하는 사이에 시간은 흘렀다. 나는 나의 초조와 불안을 숨기려고 노력했으나 진경이 멘탈까지 관리해줄 능력이 없었다.

밤 12시에 발표가 있었다. 달이 호수에 환하게 떠올랐다. 호수 앞에 광장이 있었다. 많은 참가자와 가족들이 떠들며 기다리고 있었다. 지금 생각하면 너무나 아름다운 광경이었다. 수백 년 된 성당이 바로 호숫가 옆에 검은 그림자를 호수에 드리우고 있었다. 와인과 간단한 음료를 바로 옆 카페에서 팔고 있었다. 밖에 놓인 테이블과 의자가 꽉 차서 앉을 데가 없었다. 와인을 마시며 기다리는 사람들은 들떠 있었다. 하얀 테이블보가 더 파르스름하게 빛이 났다.

지금 생각하면 더없이 소중하고 아름다운 추억이다. 진경이가 묵었던 집은 성당 바로 뒤쪽의 4층짜리 건물이었다. 집주인 아주머니와 변호사 겸 영화배우인 아들이 살고 있었다. 아주머니가 집에 초대해주셔서 식사도 같이했다. 변호사 겸 영화배우인 아들도 참 잘생기고 매너가 좋았다.

택시를 불러 주고 짐을 실어주었다. 이런 모든 시간이 꿈결같이 흘렀다.

"카르페 디엠, 현재를 즐겨라!" 〈죽은 시인의 사회〉에서 키팅 선생님이 한 말이다. 그때 좀 더 열린 마음으로 현재를 즐겼더라면 얼마나 행복했을까 생각한다. 나와 진경이는 바로 런던행 비행기표를 끊었다. 비행기로 런던으로 가서 런던 시내로 들어가는 버스를 탔다. 그때부터 나는 호텔 침대에 누워 빙빙 도는 천정을 바라보고 있었다. 어지럼증이 와서 일어날 수가 없었다. 진경이는 성격이 참 좋다. 오히려 진경이가 나를 위로했다.

"엄마, 좋은 경험 했잖아요. 포기하지 않고 계속해서 늘고 있을게요!"

그리고는 바로 런던으로 떠났다. 나는 호텔에서 온종일 누워 있다가 겨우 일어나 호텔 옆의 중국 레스토랑에 가서 청경채 볶음과 누룽지 스프를 먹었다.

그날 이후부터 우리 둘은 런던의 거리를 좁고 지저분한 지하철을 타고 돌아다녔다. 뮤지컬 〈위키드〉도 보고 내셔널갤러리에서 그림도 감상했다. 버킹엄 궁전과 런던 타워 브릿지도 보았다. 런던 시내를 돌아다니며 깔깔대며 웃다가도 침대에 누우면 너무 안타깝기만 했다. 지금 생각하면 내가 참 안쓰럽다. 내가 아는 보성이 어머니는 아들 둘을 다 첼로를 시켜 한예종을 다녔다. 참 배울 점이 많은 분이다. 아들 둘을 첼로를 시키시니 경제적으로도 정신적으로도 얼마나 힘들겠는가! 이 세계는 끝없는 경쟁의 연속이다. 안 봐도 안다. 나는 한 명 시키는데도 초조하게 쫓기듯이 여기까지 왔다.

보성이 어머니는 한 번도 연습하라 채근을 하지 않으시고 아들 둘을 꿋꿋하게 키워내셨다. 지금도 아들 둘하고 친구처럼 지내신다. 본인이 마음먹고 할 때까지 인내하며 기다려주신다. 매일 맛있는 음식 싸다가 연습실 가져다주시고 기도하러 다니신다. 같이 레스토랑 가서 맛있게 식사하고 모녀 사이보다 더 살갑게 지낸다. 아이돌처럼 잘생긴 두 아들이 첼로를 하는데 그동안 애환이 왜 없었겠는가. 그 애환을 웃음과 개그로 넘기시며 즐겁게 뒷바라지하신다. 이제는 큰아들 보성이가 독일 뤼벡으로 유학을 갔다. 보성이와 뤼벡에서 지낸 일을 이야기하는데 내가 있었던 쾰른의 라인강가를 떠올리며 마음이 참 행복해졌다. 연습 많이 해서 빨리 잘되어 돌아오라고 채근하지 않고 이렇게 말했다고 한다.

"지금이 중요하다. 지금 현재를 즐겨라."

나는 나 자신이 부끄러워졌다. 나는 진경이가 내 생각만큼 연습을 안

해서 울면서 라인강가를 걷고 또 걸었다. 그런데 보성이 어머니는 나와는 다르게 "아무것도 하지 말고 한 달 동안 나랑 재미있게 지내자."라고 말했단다.

"첼로 연습은 엄마가 가고 난 후 평생 하려무나!"

"인생이 뭐 별거 있니? 저 뤼벡의 호수도 저렇게 아름답고, 자전거 길도 저렇게 아름다운데."

그러면서 접는 자전거를 사주었다고 했다. 매일 아름다운 뤼벡의 시내를 돌아보며, 느끼고 감상하라고. 보성이는 이른 새벽 푸르스름한 안개가 낀 트라베강가를 자전거를 타고 들어와 샤워를 한다. 그러면 보성이 엄마는 유럽식 블랙퍼스트를 만들어 같이 먹었다고 했다. 그리고 낮에는 아들과 함께 뤼벡 마르크트 광장 근처의 고풍스러운 카페에서 커피를 마시며 한나절을 보내고 들어왔다고 한다.

"현재를 살아라."

현재를 행복하게 살아야 한다. 현재를 헛되이 낭비하지 마라. 현재의 연속이 미래가 되는 것이다. 현재를 즐겁게 살면서 꿈을 포기하지 말고 한 걸음씩 앞으로 나아가라. 절대로 조급해하지 말고.

8

항상 칭찬과 격려를 하라

독일의 칼 비테는 『자녀교육 불변의 법칙』에서 겸손을 잃게 하는 과한 칭찬을 하지 말라고 한다. 거만해질 수가 있는 것이다. 그래서 과한 칭찬보다는 격려를 바탕으로 한 칭찬을 해주는 것이 좋다. 세계적으로 어려서 크게 성공한 신동 음악가들이 많다. 그러나 음악 신동들이 끝까지 잘하는 예는 많지 않다고 한다. 칼 비테도 그것을 크게 우려하여 아들을 자주 칭찬하지 않았고 다른 사람들이 칼을 칭찬하면 주의를 주었다. 아들 칼이 자만에 빠져서 거만하게 성장할까 봐, 칼의 행복을 위하여 온갖 방법으로 주의를 주었다.

"지식이 많으면 사람들에게 존경받고 착한 일을 하면 하느님의 은총을 받아. 세상에는 교양 없는 사람이 많단다. 사람들은 스스로 지식이 부족한 걸 알아. 그래서 지식이 풍부한 사람을 존경한단다. 그러나 사람들의 칭찬은 예측할 수 없어. 평소에 많은 칭찬을 하다가도 한순간에 못 받게 될 수도 있어. 그러나 착한 일을 하면 하나님이 영원한 은총을 주신단다. 그러니 사람들의 칭찬에 너무 혹하지 마라."

우리나라에도 유명한 음악가 신동들이 많다. 어려서부터 현란한 기교로 연주하는 그들에게 정말 감탄하지 않을 수 없다. 그러나 그들을 잘 보호하고 겸손하게 성장하도록 해야 한다. 더 훌륭한 음악가로 만들려면 자만에 빠지지 않게 가르쳐야 한다. 진경이가 예원학교 1학년 때는 장한나 베이비붐이 한창이었다. 장한나가 10살에 로스트로포비치 콩쿠르에 입상하여 TV에 여러 차례 방영이 되었다. 그래서 4살에 첼로를 배운 친구들이 많았다. 한 친구는 정말 예쁘게 성장하지만 다른 한 친구는 정말 오만함과 거만함의 극치를 이루기도 한다. 외국 콩쿠르나 캠프장에서 그 친구의 뒷담화가 많이 오가는 걸 들으면 참 안타깝다.

나는 진경이가 그렇게 될 일은 없다고 판단했다. 어렵게 한 계단씩 올라선 아이이기 때문이다. 너무나 많은 고통의 순간을 맛봐야 했다. 지금 다시 하라면 못 할 것 같다. 진경이는 한 번도 그만두겠다는 말을 한 적이 없다. 진경이가 중학교 때까지 콩쿠르에서 떨어지거나 연습을 게을리

하면 나는 단호하게 말했다.

"그만하면 되었다!"

그러면 진경이는 늘 "엄마, 한 번만 더 기회를 주세요! 열심히 할게요!" 라고 말했다. 그러나 동환이는 조금 융통성이 없고 한번 아니라고 생각하면 좀처럼 뜻을 굽히지 않는 점이 걱정되었다. 한번은 숙제 때문에 나하고 언쟁이 생겼는데 이 아이가 아침부터 엄마한테 말대답을 격하게 하였다. 나는 학교에 가지 말라고 했다. 나와 이 문제가 해결될 때까지 학교에 보내지 않겠다고 했다. 그렇게 성장하는 것은 가정에도 국가에도 이롭지 않다고 냉정하게 말했다.

"네가 아무리 똑똑해도 분노 조절 못 하고 아침부터 큰소리로 흥분해서 대드는 것은 용납하지 않겠다. 그런 식으로 공부를 잘하는 것이 더 문제가 된다. 학교에 보내 줄 수 없다."

그때 동환이는 모범생이어서 학교에 안 가면 큰일 나는 줄 알았다. 바로 "엄마, 잘못했어요. 다시는 그러지 않겠어요."라고 그랬다. 다음부터 그런 일이 한 번도 없었다. 4살부터 친척들이나 지인들이 동환이를 보면 영재라고 부추겼다. 그래서 나는 더욱 동환이를 잡초처럼 키웠다. 동환이는 항상 누나를 대단하게 생각한다. 자기를 등한시하고 누나만 따라다니며 뒷바라지를 해도 불평 한마디를 하지 않았다.

"엄마, 누나는 첼로를 잘하잖아요! 엄마가 누나를 먼저 도와주는 게 맞아요."

그랬다. 밥도 못 얻어먹고 집에 들어가면 아무도 없을 때가 많았다. 아주머니는 일주일에 3번 동환이가 학교에서 올 시간에 오시게 했다. 동환이한테는 미안한 것이 많다. 의도적으로 그랬던 적도 있다. 그래서인지 누구보다 세상을 공평하게 보는 균형 잡힌 시각을 가졌다.

우리 부부는 동환이를 4살 때 잃어버릴 수도 있었다. 우리 집 물놀이용 수영장에서 빠져 죽을 뻔했던 사고를 트라우마처럼 안고 살았다. 그런 동환이가 나에게 얼마나 귀하고 사랑스러운 존재이겠는가. 그래도 나는 동환이를 사랑하는 지극한 마음을 항상 숨기고 있었다. 귀할수록 천하게 키우라는 옛말이 있다. 옷도 자기가 꺼내 입고 다녔다. 그렇지만 몇 발자국 뒤에서 항상 지켜보고 세심히 관찰하였다.

진경이한테는 "조금만 더 가면 돼! 넌 할 수 있어! 거의 다 왔어. 수고했어, 잘했어!" 계속 잘할 수 있다고 말해왔다. 그러나 동환이한테는 그렇게 말하지 않았다. 지금 생각하니 그냥 어떻게 해도 너는 될 아이라고 믿어버린 것 같다. 그냥 잘될 것 같았다. 믿음이 갔다. 이상한 일이다. 지금도 굳세게 믿는다. 잘될 거라고.

예원학교 3학년 때였다. 카대 콩쿠르가 있었다. 내 생각으로는 진경이가 1등을 할 것 같았다. 콩쿠르 시작을 기다리는 동안 진경이가 너무 떨고 있었다. 밖에 봄비가 부슬부슬 내리고 바람이 불고 있었다. 진경이를 데리고 밖으로 나갔다. 진달래가 진 자리에 연둣빛 이파리들이 비를 맞아 파르르 떨고 있었다. 바람이 불고 가랑비가 머리를 적혔다. 진경이에게 "나는 할 수 있다! 나는 할 수 있다!"를 외치게 했다. 진경이는 망설이고 있었다. 창피한지 비를 맞으며 그냥 서 있었다. 내가 말했다.

"네가 여기서 기분 좋게 크게 외친다면 넌 오늘 분명 1등을 할 거다. 몇 명이 나오든 네 마음속의 두려움한테 지면 너는 1등을 못해. 네 마음속의 두려움을 몰아내야 1등을 할 수 있어."

갑자기 진경이는 봄비를 맞으며 손을 높이 뻗어 크게 외쳤다. 바람에 단발머리가 연둣빛 나뭇가지 사이로 날렸다.

"나는 할 수 있다, 나는 할 수 있다, 나는 할 수 있다!"

그리고 진경이는 카톨릭대학교 콩쿠르에서 1등을 하였다.

"그래, 그것 봐, 할 수 있잖아! 잘했어, 잘했어!"

나는 진경이를 따뜻하게 포옹해주었다. 엄마가 하라는 대로 믿고 따라준 진경이가 고마워서 따뜻하게 안아주었다. 그때부터 진경이의 실력은 몰라 보게 늘기 시작했다. 모든 것은 자신감이다. 지금도 진경이는 제자들 입시 준비를 할 때 한 달 전만 되면 무대 위에서 크게 소리치게 한다.

"나는 할 수 있다! 나는 할 수 있다!"

학생들이 처음에는 부끄러워서 모기소리 같이 조그맣게 내뱉는다. 독백처럼 아주 작게 안 들리게 하는 아이도 있다. 그러면 다시 하라고 한다. 그러다 보면 심지어 우는 학생도 있다. 그러나 한 번 소리 질러 본 학생은 입시가 다가오면 스스로 팔을 높이 뻗어 소리 지른다.

"나는 할 수 있다! 나는 할 수 있다!"

그것은 나 스스로를 격려하고 응원하는 힘이 있다. 우리는 우리 스스로를 격려하고 응원해야 할 의무가 있다. 내 안의 두려움과 불안을 몰아내고 나 스스로를 격려하고 자신감을 높여 주는 외침이다.

"나는 할 수 있다! 난 할 수 있다!"

『칭찬은 고래도 춤추게 한다』는 책도 있다. 인정에는 존중이 깔려 있어야 한다. 칭찬하면 엔돌핀이 생기고 자신감이 생겨서 창의력도 무럭무럭 자란다. 그러나 무분별한 칭찬은 독이 되기도 한다. 어떤 노력에 대한 칭찬, 진심을 담은 구체적인 칭찬을 해주어야 한다.

엄마는 규칙을 분명하고 단호하게 제시해야 한다. 칭찬도 똑같이 분명하고 일관성 있게 해야 한다. 어떤 노력에 대한 칭찬, 그 노력이 성과를 냈든 안 냈든 칭찬해주고 격려해주어야 한다. 그래야 실패를 해도 다시 털고 일어나 앞으로 나아가는 힘이 생긴다.

"괜찮아, 더 많은 기회가 네 앞에 있어"
"계속 가다 보면 그런 기회들은 아주 많아!"
"여기가 끝은 아니야!"

항상 말해주었다. 나는 정말로 모든 사람을 좋아한다. 그러나 일관성이 없는 사람을 싫어한다. 아이들도 똑같다. 똑같은 일을 했는데 어떤 때는 칭찬을 하고 어떤 때는 화를 낸다면 아이는 정서 불안이 될 것이다. 어떤 노력에 대한 진심 어린 칭찬은 아이의 자존감과 자신감을 높여주고 창의력도 쑥쑥 자라게 하는 원동력이 된다.

잊지 말자. 격려를 바탕으로 한 칭찬을 잘해주는 엄마가 되자. 엄마는 그런 존재라고 생각한다. 용기를 주는 사람, 자신감을 심어주는 사람, 무얼 해도 믿어주는 사람. 바로 그런 사람을 엄마라고 부른다.

3 장

더 크게 더 멀리 보고
가르쳐라

더 크게 더 멀리 보고 가르쳐라

진경이는 초등학교 2학년 때 목동의 ECC 영어 학원을 다니고 있었다. 여름 방학에 미국으로 홈스테이를 가게 되었다. 3학년이 되면 데리고 가려했는데 아이가 너무 사정해서 조금 일찍 가게 되었다. 진경이는 미국 플로리다 근교의 템파 쪽으로 가게 되었다.

그런데 사고가 있었다. 템파 공항에서 진경이가 일행을 잃어버린 거였다. 진경이가 새벽에 아빠한테 전화를 했다. 핸드폰도 없던 시절이다. 그때 놀란 건 정말 상상할 수 없을 정도였다. 비행기를 갈아타기 위해 공항에서 4시간을 기다려야 하는데 일행들이 보이지 않는다고 했다. 진경이는 울지 않았다. 2시간 후, 진경이에게 전화가 왔다. 일행을 찾았다고 했다. 휴! 다시는 혼자 외국으로 보내지 않겠다고 결심했다. 그 후 나는 유학을 보낼 때까지 계속 따라 다녔다.

나는 아기를 임신했을 때, 일찍 유학을 보내 더 넓은 세상에서 많은 걸 보고 배우게 할 거라고 결심했다. 그래서 나도 영어학원을 아이들과 함께 다녔다. 목동 ECC에서 엄마들 반이 개설되어 거기서 같이 배웠다. 후일 진경이 유학을 보낼 때 많은 도움이 되었다. 동환이는 빨리 보내려고 했으나 쉽게 되지 않았다. 몸이 약했다. 지금 생각하면 오히려 잘되었다고 생각하고 있다.

학부형들과 면담하다 보면 당장 눈앞에 보이는 학원 시험, 중간고사, 기말고사 등에 연연하고 있었다. 나는 그런 것에는 신경도 쓰지 않았다. 의도적으로 학교 시험 성적이나 시험지 등을 본 적이 없다. 작은 문제에 집착하다 보면 큰 것을 보지 못하고 집착하게 될 것 같아서였다. 물론 아이에게 동기부여는 된다. 동환이가 고등학교 다닐 때 언어영역을 못 봐서 국어 시험지를 살펴보았다. 푼 것은 다 맞았고 마지막 몇 문제는 풀지를 못 해서 틀린 것이었다. 그래서 그 후 방학이 되면 속독을 가르쳤다. "너는 언어영역을 못 하는 것이 아니야, 느릴 뿐이지." 동환이는 별 도움이 되지 않았다고 했다. 하지만 나는 효과가 어느 정도 있었을 것이라고 믿고 있다.

동환이가 중2 때였다. 대치동 수학학원 민사고 준비반에서 아이들이 새벽 2시까지 2개월 정도 합숙하다시피 공부할 때가 있었다. 동환이는 자기 인생 처음으로 큰 경험을 하게 되었다. 14년이 지난 지금도 그때 얘기를 하는 걸 보면 그렇다. 민사고 준비반에서 만났던 친구들은 지금 모두 잘하고 있다. 그때 붙었든 떨어졌든, 그 아이들은 사회 곳곳에서 다양하게 열심히 살아가고 있다. 지방에서 방학만 되면 아이들을 데리고 대치동에서 2개월 정도 학원을 보내기 위해 와 있는 엄마도 있었다. 지방에서 서울대나 의대 가는 아이들은 금요일에 대치동에 와서 일요일 밤에 내려갔다. 또 방학 때 대치동에 와서 학원을 다녔다.

동환이 친구인 D가 있었다. 여학생이었는데 모든 면에서 동환이보다 훨씬 똑똑하고 성숙했다. 키도 크고 동환이 초등학생이라면 D는 고등학생처럼 성숙했다. 영어는 아주 수준급이었다. 민사고는 영어성적이 좋아야 한다. 수학도 잘해야 하지만 우선 영어를 잘해야 한다. 과학, 논술 모두 잘해야 한다. 면접까지 봐야 한다. D는 모든 면에서 우수했다. D는 무난히 민사고에 들어갔다. 동환이가 대학에 들어간 후, 쇼킹한 사건을 알게 되었다. 민사고에서 D가 컨닝을 하다가 적발이 되어서 퇴학을 당했다고 했다. 한두 번이 아니었다고 했다. 너무 극심한 경쟁에 휘말리다 보니 자기도 모르게 그렇게 되고 말았을 것이다. 그냥 일반고 가서 열심히 공부하면 더 잘 풀릴 아이였다.

나는 동환이에게 말했다. 지금 준비가 덜 되어 있으니 떨어질 수 있다. 그러나 대학 갈 때 지금과 똑같은 과정을 거쳐야 대학을 가는 것이니 한 번 연습해보는 거다. 동환이는 동의했다. 그랬지만 막상 떨어지니 실망했다. 나는 금방 다시 과고 시험을 보게 했다. 한성과고, 서울과고, 부산영재고 순서대로 다 시험을 봤다. 그리고 순서대로 떨어졌다. 학원에서 준비한 것도 아니었고 내신도 안 좋으니 떨어질 줄 알았지만 그래도 동환이는 꽤 실망했다.

중3 때의 경험이 동환이가 대학 입시 할 때 많은 도움이 되었다. 준비가 철저하지 않으면 떨어진다는 경험을 중3 때 해봤으니 다시는 떨어지고 싶지 않았을 것이다.

나중에 안 일이지만 중3 때 민사고 준비반에서 만났던 친구 중에 민사고나 대원외고 보내려고 뉴질랜드 미국 캐나다 등지에서 3년씩 살다가 온 친구들이 꽤 많았다. 그중에는 IBT 시험 성적이 110점 만점에 100점 정도 나오는 친구들도 많았다. 세상에! 그에 비해 동환이는 영어를 썩 잘하지 않았다. 단어 외우기를 너무 싫어했다. 그래도 자기가 해야 한다고 생각했는지 포기한다는 말을 하지 않았다. 끝까지 해냈다.

중3 때, 아빠들도 민사고 준비반에 오셔서 강의도 해주시고 좋은 경험이었다. 훌륭한 아빠들도 많았다. 미국 아이비리그를 나온 아빠들도 많았다. 우리 부부는 동환이가 둘째라서 그렇게까지 열성적이지 않았다. 진경이한테 하는 것처럼 되지는 않았다. 동환이는 진경이에 비해 체력도 많이 약했다. 민사고 준비반에는 정서적으로 불안정한 친구들도 많았다고 했다. 나는 둘째라서 지금 이것이 전부가 아니라는 것은 알았다. 실패도 두려워하지 않고 차근차근 준비하고 나아가는 걸 알게 하고 싶었다.

동환이는 과고를 보내고 싶었다. 공부를 골고루 잘하는 편이 아니었다. 수학과 과학만 잘했다. 언어영역. 외국어 영역을 잘하지 못했다. 그렇다고 이해력이 떨어지는 것은 아니었다. 그래서 동환이의 이해방식과 맞는 학원 선생님을 찾았다. 현대 시 이해 같은 것들은 이과생답게 생각하고 설명해주는 선생님을 찾았다. 영어도 같은 방식으로 찾았다. 그렇게 하니 성적이 조금씩 오르고 결국 마지막 수능시험에서는 모두 1등급을 받게 되었다. 수강생이 몰리는 학원 강사가 꼭 내 아이에게 맞는 선생님이 아니다.

엄마는 서두르지도 말고 조급해하지도 말고 계속 차근차근 아이를 설득해가며 큰 그림을 그리면서 아이에게 비젼을 제시해주어야 한다.

〈영국 남자〉라는 유튜브 채널이 있다. 거기에 쌍둥이 형제가 나온다.

크리스와 찰스는 둘 다 너무 유쾌하다. 크리스는 신부님이 되었다. 찰스는 영국군 대령이다. 어머니가 임신했을 때, 기도를 드렸다. 한 아이는 하나님께 바치고, 한 아이는 나라에 바치겠다고 했다. 그 영상을 보면서 웃었다. 아이들은 엄마가 믿는 대로 된다.

'끝에서 시작하라'는 말이 있다. 네빌 고다드의 『상상의 힘』에는 이미 우리가 소망하는 것이 이루어진 것처럼 상상하면 현실이 된다는 말이 있다. 끝에서 아이들의 미래를 상상해보고 아이들이 어떻게 살기를 바라는지 생생하게 느끼고 소망해보라. 동환이는 대학에 입학한 후, 게임에 빠져서 날마다 밤을 새우며 시간을 보냈다. 처음에는 두꺼비집도 내려보고 잔소리도 해보았으나 소용이 없었다. 나는 매일 기도하며 양재천을 산책했다. 집으로 돌아오는 길은 긍정적인 기분이 되어 돌아왔다. 나는 그냥 동환이를 굳세게 믿어보기로 했다. 우리나라 최고의 실험물리학자가 될 거라는 강한 믿음. 그것이 내가 할 수 있는 전부였다. 동환이는 요즘 우리 가족에게 스테이크나 스파게티도 자주 만들어주고 즐겁게 연구하고 있다. 나는 편안하고 느긋하게, 여유 있고 우아하게, 노후를 보내고 싶다. 요즘 그렇게 살고 있다.

며칠 전, 동환이 스스로 창문을 열고 두꺼운 커튼을 걷어치웠다. 일찍 일어나겠다고 선언했다. 이제야 아들이 스스로 생활 패턴을 바꾸겠다고 했다. 남편은 정말 10년 동안 잔소리를 한마디도 하지 않았다. 믿고 지지하고 응원하며 격려해주는 것이 엄마가 할 수 있는 유일한 길이다.

『성공하는 사람들의 7가지 습관』의 저자 스티븐 코비의 아들 중 하나는 운동도 못하고 공부도 못하는 모든 면에서 뒤떨어지는 아들이었다. 그런데 어느 날, 스티븐 코비는 자성예언(피그말리온 효과)를 공부하게 되었다. 자신의 지각이 자신과 타인에게 큰 영향을 미치고 있다는 것을 깨닫게 되었다. 외적 이미지에 집착한 나머지 아들에게 '너를 믿지 못한다.'는 인식을 심어주었음을 알게 되었다. 스티븐 부부는 깊은 사고와 믿음과 기도를 통해서 아들을 보기로 했다. 그 후 아들은 놀라울 만큼 빠르게 변하여 몇 년 안에 모든 면에서 우수한 성공자의 모습을 갖추게 되었다.

그러므로 자녀들을 더 크게 더 멀리 보고 믿어주자.

아이의 성공은 엄마 손에 달렸다

17년 전 바람이 많이 부는 늦가을이었다. 나와 친분이 있는 몇몇 형님과 부산행 기차를 탔다. KTX 밖에 없었던 시절이었다. 서울역에서 떠나는 기차였다. 진경이가 고1 때였던 걸로 기억한다. 같이 내려가던 형님 중에 딸 하나만 지극정성으로 키운 분이 계셨다. 그때는 오래된 사이였으나 마음속에 있는 말을 할 정도의 사이가 아니었다.

우리는 바깥 경치를 바라보며 "와, 나오기를 잘했다!"라며 환호성을 질렀다. 누렇게 변한 가을 들판으로 기차가 부산을 향해 달려가고 있었다. 부산이 가까워질수록 우리는 더욱 친밀감을 느끼고 있었다. 이런저런 이야기를 꺼내기 시작한 것은 기차가 수원을 지나고 있을 때였다. 창밖은 바람이 불고 단풍이 곱게 물들었던 산들은 누렇게 변해가고 있었다. 낙엽이 바람에 흩날리고 있었다.

형님의 딸 S는 서울대 음대를 졸업하고 독일 베를린의 우데카에서 유학하고 있었다. 누구나 알 만한 첼리스트 S이다. 형님이 얼마나 애지중지 딸을 키웠을까 짐작이 갔다. 형님의 남편은 은행지점장이었다. S를 최고의 명문대와 독일 최고의 대학으로 유학을 보내느라 얼마나 마음고생이 많았을까 짐작이 되었다. 내가 너무나 잘 아니까. 그때 아마 박사과정인 엑자멘을 하고 있을 때였던 것 같다. 형님의 남편이 간암으로 병원에 입원하셨다가 퇴원하셨다는 얘기는 들었다.

형님의 남편은 식이요법으로 건강이 많이 좋아지신 상태였다. S는 덴마크 출신의 작곡가와 사랑에 빠져서 결혼했다. S의 남자친구는 퀸엘리자베스 콩쿠르 작곡 부문 1위 우승자로서 유명한 음악가 가문의 사람이다. 형님의 남편은 금지옥엽 키운 외동딸 하나를 박사학위 받을 때까지 뒷바라지하면서 돈을 보내주셨다고 했다.

형님의 남편분께선 간암에 걸리셔서도 직장생활을 그만두지 않았다고 했다. 나는 그 얘기를 들으며 눈물이 흘렀다. 창밖을 바라보니 석양이 산자락에 붉게 내려앉고 있었다.

얼마 전, S가 집에 다니러 왔다가 독일로 돌아가는데, 형님과 남편이 인천공항에 바래다주러 갔다. 형님의 남편은 인천공항 출국 검사대 줄에 서 있는 S를 한없이 바라보았다. 또 언제 만날 수 있는지, 살아서 볼 수 있게 될지를 생각하며 한쪽 구석에서 하염없이 눈물을 흘리고 있었다. 형님이 그 모습을 보니 S에게 화가 났다고 했다. S는 마냥 행복해하며 남자친구를 따라 출국 수속을 마치고 안으로 들어갔다고 했다. 형님은 이 딸을 위해 정말로 이 세상의 모든 혼을 다 불태워 키웠다. 이화 콩쿠르와 중앙 콩쿠르와 동아 콩쿠르에서 우승했다. 국제 콩쿠르도 우승했다고 잡지에 난 걸 보았다. 그렇게 만들기까지 형님 부부의 정성이란 이루 다 말로 할 수 없는 것이었다.

S는 지금 독일 베를린의 우데카 영재아카데미 교수이다. 작곡가인 남편과의 사이에 벌써 아들이 3명이다. 일과 사랑, 아들 셋까지 낳고 행복하게 잘살고 있다. 아들 셋 키우며 연주도 하고 남편 뒷바라지도 잘하고 있다. 형님 부부는 자주 독일을 오가며 아이들을 봐 주고 있다. 그동안 형님은 대학원에서 영문학 석사를 졸업했다. 70세의 나이에 얼마나 열정적으로 공부하셨는지 장학금을 받으며 석사를 끝마치셨다. 대단한 분이시다. 며칠 전 진경이 독주회에 오셨는데 더 젊어지고 예뻐지셨다.

S는 가끔 한국에 나와 연주도 했다. 10년 전 교향악 축제 때, 예술의 전

당 콘서트홀에서 쇼스타코비치 콘체르토를 협연을 했다. 아주 작은 체구에서 뿜어져 나오는 아우라와 테크닉과 음악이 남달랐다. 감탄하며 연주를 보았던 기억이 있다. 형님은 어떤 경우에도 흥분하지 않고 차분하게 또박또박 이야기하시는 스타일이다. 매우 이지적인 분이다. 그런 형님이 딸 하나인데 얼마나 치밀하게 계획하며 한 걸음씩 앞으로 나아갔을까 짐작이 된다. 뛰어난 젊은 음악가는 많다. 그러나 일과 사랑에서 모두 자기의 철학대로 이루어가며 행복하게 살아가는 경우는 많지 않다.

여성 음악가들은 결혼하면 음악 활동이 현저하게 줄어든다. 자녀들을 낳고 키우고 남편과 시댁 등 신경 쓸 일이 많아지게 되기 때문이다. 그러나 이들은 어찌 보면 나라의 자산이다. 그동안 그만큼의 실력을 갖기까지 얼마나 많은 투자를 했겠는가. 이들이 소명의식을 가지고 계속 음악 활동을 할 수 있도록 도와야 한다. 자녀들에게 음악을 시킨 어머니들은 뒷바라지로 몇십 년을 헌신하신다. 유학까지 보냈던 자녀들이 공부가 다 끝나서 이제 좀 쉴 만하다 싶으면 결혼하여 아이를 낳는다. 그러면 다시 손주들 키워주느라고 여념이 없다. 열심히 공부하고 돌아온 딸아이가 아깝게 음악을 접고 아이 키우느라 음악 활동을 그만둘까 봐 그러시는 것이다.

요즘 젊은 엄마들은 영어로 집에서 아이들과 소통하며 어려서부터 영어 교육에 열을 올리고 있다. 엄청난 사교육비를 들여가며 영어를 가르치고 있다. 영어는 하나의 의사소통 도구일 뿐이다. 진짜로 귀중한 것은 안에 들어 있는 콘텐츠라고 생각한다. 우리나라의 강경화 외교부장관이 CNN 뉴스에서 아만푸어 앵커와 인터뷰하는 것을 보았다. 정말 자랑스러운 일이다. 우리나라에도 이렇게 수준 높은 영어를 구사하며 우아하고 단호하게 자국의 의지를 확고하게 전하는 사람이 있다는 데에 자부심을 느꼈다. 영어도 잘하며 자기만의 특별한 콘텐츠가 있어야 한다. 이제는 AI 인공 지능 시대이다. 거기에 맞추어 아이들의 장래 희망도 좀 더 창의적인 것, 좀 더 글로벌한 마인드로 아이들의 미래를 계획해야 한다고 생각한다.

같이 부산에 내려갔던 또 한 명의 형님 권정옥 여사가 있다. 권 여사님은 딸만 둘이 있는데 TV에도 나왔던 굉장한 미인이다. 큰딸은 바이올린 둘째 딸은 플루트를 전공했다. 큰딸인 H는 바쁜 연주 활동을 하며 딸 하나를 낳았다. 손녀는 형님이 키워주신다.

오래전, 내가 바이올린 시키는 엄마에게 형님의 큰딸인 바이올리니스트 H를 소개해줬다. 한 시간 반 동안 레슨을 열심히 해주고 그냥 가라고 했다. 요즘 연주로 바빠서 학생을 받을 형편이 아니니 레슨비는 내시지 말고 그냥 가시라고 했다. 그 엄마는 요즘 세상에 이런 선생님이 다 계시다면서 감동했다. 그 엄마는 두고두고 고마워했다.

내가 20년째 알고 있는 권정옥 여사는 막내며느리인데 시어머니를 돌아가실 때까지 모셨다. 그때는 지금처럼 치매 환자에게 요양 보호 시스템이 없었다. 집에서 치매 어머니를 모시고 딸들 레슨을 데리고 다녔다. 대소변을 못 가리시는 어머니를 홀로 계시게 할 수 없어서 차 옆에 모시고 다녔다. 어떤 때 보면 차 옆자리에 시어머니가 앉아 계셨다. 정말 오랫동안 시어머니를 모셨다. 형님은 얼굴 한 번 찡그리지 않고 당연히 내가 할 일이라고 하셨다. 언제나 웃음을 잃지 않고 주변의 음악을 시키는 후배 엄마들을 격려하면서 도움을 주시곤 했다.

한번은 신한은행에서 유명한 오케스트라 공연 티켓을 받은 적이 있었다. 바빠서 못 갈 것 같아서 형님께 얘기했더니 딸들과 가겠다며 자신에게 달라고 했다. 연주회가 있던 날, 길이 너무 막히고, 비가 와서 예술의 전당에 거의 연주가 끝나갈 때 도착했다. 내가 얼마나 미안했겠는가. 형님의 두 딸은 내가 미안해할까 봐 활짝 웃으면서 "아니에요. 저희도 방금 왔어요."라며 겸손하게 미소 지었다. 아이구! 얼마나 미안하던지 땀이 날 지경이었다.

이지적인 외모에 출중한 성품까지, 게다가 바이올린과 플루트 연주 실력은 정말로 빼어나다. '하나님은 왜 공평하시지 않게 한 가지 빠진 것 없이 이 자매에게 축복을 내려주셨을까?'라고 생각한 적이 있다. 그 어머니인 권정옥 여사가 보이지 않는 곳에서 항상 봉사하시고, 다른 사람을 도우려고 하는 덕을 많이 쌓으셨기에 자녀들이 복을 받는 것이라고 생각한다.

선생님들도 "엄마는 좀 그러시지만 아이는 얌전해서 받았어. 그런데 막상 몇 년 가르치다 보니 그 애 엄마랑 똑같더라."고 말하는 걸 많이 보았다. 아이들이 어려서 본 부모의 모습은 무의식 속에 저장되었다가 자기도 모르게 그대로 행동하게 되는 것이다.

엄마의 가치관은 미래에 아이의 가치관이다. 부모의 가치관을 스펀지처럼 빨아들여 아이가 그대로 행동하며 살게 된다는 것을 명심하자. 자녀의 성공은 엄마 손에 달려 있다.

재능보다 교육이 더 중요하다

진경이가 다니던 독일의 에센 폴크방 국립음대 조영창 교수님 클래스에는 세르게이라는 러시아에서 유학 온 첼리스트가 있었다. 세르게이는 유명한 음악가 집안의 학생으로서 천재성을 지니고 태어났다. 너무나 잘해서 연습을 안 해도 그냥 손가락에 모터가 달린 것처럼 테크닉도 쉽게 구사했다. 그러니 매일 교수실 캐비닛에 첼로를 넣어놓고 다녔다. 악기를 집에 가져가지를 않았다. 첼리스트들이 매일 5시간에서 10시간을 연습해도 손가락이 잘 안 돌아가는 곡을 처음 악보를 읽는데도 그냥 마구 손가락이 돌아가는 것이었다. 세르게이는 첼로 곡이 너무 쉬워서 맨날 첼로로 바이올린 곡을 연습했다. 학교에서는 만날 일이 없었다. 학교를 잘 오지 않았다. 매일 학교 앞 카페에서 예쁜 여자 친구와 술 마시고 담배 피우고 있었다.

그런데 이 친구가 학교를 결국에는 졸업하지 못하고 러시아로 돌아갔는지 보이지 않았다. 세르게이를 훌륭한 음악가로 만들어보려고 교수님들이 돌아가며 맡아보셨지만 결국 실패하고 말았다.

진경이가 예원학교 다닐 때였다. 초견인데도 마치 몇 달 동안 연습한 것처럼 잘하는 아이가 있었다. 그냥 처음 악보를 보는 수준이 다른 학생들 몇 달 연습한 수준으로 연주하니 정말 기운 빠지게 하는 친구였다. 우리는 매일 모여서 죽자고 연습하는데 누구는 그 자리에서 바로 무대에 올라가도 되는 수준으로 연주하니 열심히 하는 아이들에게는 기운 빠지는 일이었다. 그러나 거기까지였다. 거기서 조금 나아질 뿐이었다. 하루에 1시간 정도 연습을 했다. 우리 아이들은 하루 7시간 10시간씩 연습해도 잘되지 않는 것을 그 아이는 그 자리에서 해버리는 것이었다.

그러나 그 이상 크게 좋아지지는 않았다. 더 깊이 있는 음악을 하기 위하여 한 음을 수천 번씩 그어가며 연습하는 사람과 그냥 쉽게 한 번에 되는 사람과의 차이는 분명히 있다. 음악가는 청중의 영혼을 감동시켜야 한다. 감각적인 것이 아니다. 나의 영혼을 바쳐 연습하고 영혼의 소리를 내야 청중이 감동하는 것이다.

JYP 대표 박진영은 성공한 연예 기획사 대표로 아직도 현역으로 일하고 있다. 박진영의 일상을 〈집사부 일체〉라는 프로그램으로 본 적이 있다. 아침 7시 반에 일어나서 일본어를 외운다. 아침 식사로 소주잔에 가득 올리브 오일을 마신다. 영양제와 견과류, 과일과 함께 먹는다. 9시에는 아침체조를 하고 10시에는 발성 및 노래 연습을 한다. 체중 관리를 위해 저녁은 일주일에 3일만 먹는다. 공복을 견디기 위해 월요일과 목요일에는 2시간 농구를 한다. 옷을 골라 입는 데 드는 시간을 줄이기 위해 계절마다 똑같은 옷을 두 벌 준비해 번갈아 입는다. TV를 보며 감탄하지 않을 수 없었다. 성공한 사람들은 뭐가 달라도 다르다. 나는 우리 아이들이 은근히 그것을 보기 원했다. 시계추처럼 정확하게 사는 사람이라는 인상을 받았다.

여기에서 주목할 것은 그가 지금처럼 성공할 수 있는 토대를 만들어준 것이 어머니라는 사실이다. 오래전 그는 TV 프로그램 〈힐링캠프〉에 나와서 이렇게 말했다.

당신은 어떻게 성공할 수 있었다고 생각하는가?

첫째, 나의 부모님 밑에서 태어난 것

둘째, 어머니가 피아노를 치게 한 것

셋째, 미국에서 2년 반을 산 것

넷째, 그때 마이클 잭슨의 음악을 만난 것

다섯째, 2년 반 동안 영어를 배운 것

박진영의 어머니는 교사셨다. 아버지는 한국산업은행에 근무하시며 미국으로 발령이 났다. 박진영이 미국 생활을 하게 되어 영어를 잘하게 되었다. 후일 사업상 큰 도움이 되었다. 어머니가 4살 때 피아노를 가르쳤다. 음악에 대한 기본을 다진 것이 성공하는 데 중요한 요소가 되었다. 1조 원대 회사로 키울 수 있었던 바탕에는 어머니가 계셨다.

나는 훌륭한 인물 뒤에는 훌륭한 어머니가 있다고 굳게 믿는 사람이다. 내가 만났던 모든 어머니들은 위대했다. 모두 자녀들에게 헌신적이었고 자신의 행복보다는 자녀의 행복을 더 우선으로 생각했다.

자녀들의 성공과 행복을 위하여 아주 먼 미래까지 생각하며 가르치고 양육하고 계셨다. 나는 우리나라가 이만큼 발전한 데는 어머니들의 노고가 많았다고 생각하는 사람이다. 옛날 어머니들은 논과 밭을 팔아 자녀를 서울로 보내 대학까지 공부시켰다. 그 정신이 오늘날까지 이어져 내려와 세계적인 교육 강국이 된 것이다. 그 막강한 인적 자원이 오늘날 세계 11위의 경제 대국이 되었다고 생각한다.

김덕수 사물놀이패의 단장인 김덕수 선생님은 63년째 사물놀이를 해왔다고 했다. 그는 5살 때부터 공연을 했다. 나는 김덕수 사물놀이패의 공연을 본 적이 몇 번 있다.

진경이가 초등학교 4학년 때였다. 진경이가 다니던 유석초등학교는 일본의 초등학교와 자매결연을 맺고 있었다. 한 번은 일본으로 가고 한 번은 한국으로 나왔다. 여름에 같이 모여서 사물놀이를 연습하고 마지막 날 공연을 했다. 내가 단체의 총무를 맡고 있었다.

진경이는 장구를 쳤다. 머리에 상모를 돌리며 장구를 어깨에 매달고 한여름 뙤약볕에 줄 맞춰서 행진을 하였다. 안성에 있는 수련원 운동장의 뿌연 흙먼지를 일으키며 아이들은 쉴 새 없이 4열 종대 행진을 했다. 우리나라 아이들과 일본의 아이들이 뒤섞여서 북과 꽹과리 소리에 줄 맞춰 행진을 했다. 상모돌리기와 장구를 치며 꽹과리의 뒤를 따랐다. 징은 꽹과리 뒤에 따랐다. 큰 북도 있었다. 얼마나 힘들었는지 그림이 그려진다. 그러나 8월의 뙤약볕 아래 고된 훈련에도 그만하겠다는 아이들이 없었다. 타악기의 신명 나는 리듬과 일본에서 온 순진한 시골 친구들과 흙먼지와 뙤약볕 아래에서 열심히 사물놀이 연습을 했다. 아이들은 신이 나는지 뿌연 흙먼지와 땀이 흘러내려 얼굴에 얼룩이 생겨도 북소리 꽹과리 소리에 맞춰 신명 나게 훈련을 했다.

마지막 날이었다. 뉘엿뉘엿 해가 서산으로 기울었다. 달이 밝게 떠오르고 별이 쏟아질 듯 찬란하게 떠 있는 밤이었다. 우리 학생들과 일본 학생들, 학부모들과 선생님들, 그리고 국악놀이패에서 오신 사물놀이 선생님들이 운동장 가에 쭉 앉아 있었다. 이제 장구, 꽹과리, 북, 징, 소고, 상모돌리기 등등 그룹으로 공연을 시작했다. 우리들은 너 나 할 것 없이 모두 넋이 나가서 그 공연을 보았다. 아이들도 선생님도 사물놀이 선생님들도 너무나 진지했고 그 공연에 몰입해 있었다.

그때의 기억이 아주 오랫동안 내 머릿속에 남아 있었다. 달이 파랗게 머리 위로 솟아 있었다. 산으로 둘러싸인 운동장에는 풀벌레 소리와 수영장 가에서 나는 개구리 소리밖에 들리지 않았다. 어디선가 파르르 애간장을 끊어낼 것 같은 가냘픈 피리 소리가 어두운 운동장 가에서 들려왔다. 아! 천 년의 한 맺힌 서러운 그 가락, 운동장 가장자리에 가부좌를 틀고 앉아 구슬프게 피리를 불고 있었다. 한밤중에 들으니 신선 같기도 하고 귀신같기도 하였다. 끊어질 듯, 말 듯 이어지는 그 가락은 신비스럽게 가슴을 후벼 파고 들었다. 하얀 모시 적삼을 입고 달밤에 숨죽여 우는 여인의 한 맺힌 울음 같기도 하고 저승에서 이승의 연인을 못 잊어 우는 귀신의 흐느낌 같기도 하였다. 그날 밤, 아이들도 모두 숨죽여 그 피리 소리를 들었다. 우는 아이도 있었다. 나도 모르게 눈가가 촉촉이 젖어 있었다.

예술은 그런 것이었다. 누구나 숨죽이게 만들고 그 혼의 부름을 들어주는 순간, 모두가 하나가 된 듯 그 소리를 따라갔다. 예술의 힘은 어린 아이들 심성마저 감동시킨다.

피리 뒤로 꽹과리와 징 그리고 장구와 북이 신명 나게 운동장에 한판 굿판을 벌였다. 우리는 아까의 그 피리 소리는 잊고 운동장에서 신명 나게 벌인 굿판의 주인공들처럼 크게 박수를 쳤다. 잊지 못할 소중한 추억의 한 장면이다. 그날 밤, 일본의 아이들과 우리 아이들은 부둥켜안고 울며 다시 만날 것을 약속하고 헤어졌다. 그리고 수십 년이 흘러 지금 진경이는 첼리스트가 되었다. 그 신명나는 가락과 애달픈 가락을 첼로 소리로 표현하고 있다.

지금도 가장 소중한 진경이의 일본인 친구는 오사카에 살고 있는 요시다 마도카이다.

일찍 시작할수록 유리하다

『하버드 부모들은 어떻게 키웠을까』를 쓴 로널드 F. 퍼거슨과 타샤 로보트슨은 이 책에서 연구 결과를 이렇게 설명하고 있다.

"우리가 조사한 사람들은 3~4살 때 글을 읽을 줄 알았다. 유치원에 들어갈 때는 하나같이 읽고 쓰기와 기초 수리 실력이 뛰어났다."

일찍 시작할수록 유리하다. 일찍 쓰기와 읽기 기초 수리 실력을 배운 후에 유치원에 입학한 아이들은 같은 또래에 비해 자신이 우수하다는 것을 인지한다. 이 아이들은 처음부터 자신감을 가지고 또래 집단에 합류한다. 자신감이 생긴 아이는 더욱 잘하려고 노력한다. 아이는 자기가 친구들에 비해 어떤 면에서 혹은 어떤 과목에서 우수하다는 것을 알아차리고 계속해서 그 분야에 흥미를 느끼고 더욱 잘하려고 노력한다는 것이다.

로널드 F. 퍼거슨과 타샤 로봇슨은 하버드 내에서 "내가 받은 양육 방식(How I Was Parented)"라는 프로젝트가 진행되면서 120명의 학생을 인터뷰했다. 여기에서 이들은 공통된 육아 방식(패턴)을 찾아내기에 이르렀다.

그것은 부모가 지속적으로 펼친 가르침과 지도였다. 아시아식, 미국식, 인종, 사회적 지위, 경제적 능력, 교육 수준, 종교, 국적과 상관이 없었다. 하버드대에 입학한 학생들의 부모들은 모두 자녀가 5살이 되기 훨씬 전부터 간단한 수리 개념과 기초 단어 읽는 법을 가르쳤다. 대화를 나눌 때는 동등한 인격체로 대하며 존중해주고, 자녀의 질문에 신중하게 대답해 주었다. 경제적 여력이 어느 정도이든 고도의 헌신과 노력으로 끝까지 지원해주었다. 사회적 지위와 상관없이 자녀가 높은 학업 수준에 오르고 그것을 이어가도록 최선을 다해 도와주었다. 그것이 시간이든 자원이든 부모가 포기하지 않고 끈기 있게 밀어주었다는 사실이다.

그러나 부모 자신이 소망했으나 이루지 못했던 꿈을 자녀가 대신 이루어주기를 강요하지는 않았다. 이 점이 중요하다. 자신의 결핍을 자녀로부터 보상받으려 하지 않았다는 점이다. 바이올린이나 피아노, 첼로는 만 2살이 지나면 배우기 시작한다. 특히 바이올린은 더욱 그렇다. 피아노나 첼로보다 더 섬세하기 때문이다. 첼로를 일찍 배우려면, 바이올린을 첼로처럼 세워서 배워야 한다. 그런 친구들을 금방 따라잡겠다고 연습을 아무리 많이 해도 못 따라잡는다. 어릴 때 듣는 귀와 손가락 근육들과 손과 팔과 어깨의 섬세한 근육들이 이미 발달해 있다.

또한 좋은 소리를 내려고 하는 훈련들이 그렇다. 그래서 공부는 늦게 시작해도 따라갈 수 있지만 악기는 늦게 시작해서 어린 나이부터 훈련이 된 친구들을 따라잡기는 기적을 일으키는 것과 같다고 할 수 있다. 관악기는 괜찮다고 들었다. 늦게 시작해도 관악기는 가지고 있는 체력과 심폐기능과 음악성으로 따라잡을 수 있다는 얘기를 많이 들었다.

첼로보다는 바이올린이 더 심하다. 일찍 시작해서 더욱 빨리 성공한 예는 아주 많다. 바이올리니스트 사라 장도 그렇다. 신동의 아이콘으로 8세에 주빈 메타와 뉴욕필 협연으로 세계 무대에 화려하게 데뷔했다. 또한 13세에 베를린 필과 협연 무대를 가졌다. 정경화, 김영욱, 강동석, 권혁주 등등 수많은 훌륭한 바이올리니스트들은 모두 일찍 시작하여 신동 소리를 들으며 성장했다. 조 트리오, 정 트리오 모두 일찍 시작하여 꾸준히 노력한 결과이다. 우리나라로서는 큰 복이 아닐 수 없다. 이런 세계적인 음악가들이 있었기에 지금의 음악 영재들이 뒤따라 갈 수 있었다. 공부도 악기도 일찍 시작할수록 유리하다. 일찍 시작하고 꾸준히 수십 년의 노력을 계속해 나간다면 성공자의 반열에 오를 것이다.

"하다가 멈추면 거기까지이다. 계속 꾸준히 노력해가는 것이 팁이다."

내 친구 조카 중에 영주라는 동생이 있다. 아이들이 초등학교 1학년, 3학년인데 임신했을 때 태교를 정말 열심히 했다. 영주는 임신 10개월 동안 매일 책을 읽어주고 영어 테이프를 들려주었다고 한다. 지금 두 아이가 다 영재다. 너무 똑똑하고 언어 수준이 대학생 수준이다.

앞으로 이 아이들의 미래가 너무 궁금하고 기대된다. 틀림없이 훌륭하게 성장할 것이다. 영주와 남편은 아이들을 항상 지켜보고 꾸준히 지원해주고 있기 때문이다.

진경이와 동환이를 임신했을 때를 돌이켜보면 태교할 때가 중요하다는 것을 알 수 있다. 진경이 임신했을 때는 진짜 음반을 많이 들었다. 비발디 사계는 매일 들었고 다른 태교 음악들도 정말 많이 들었다. 우연히 5살 때 피아노 건반을 두드리며 남편이 물었다.

"이건 뭐지?"

"도! 미! 솔!"

검은 건반까지 맞췄다. 남편은 놀라며 애가 절대음감이라며 호들갑을 떨었다. 나중에 안 일이지만 예원학교나 서울예고나 독일 음대에서나 절대음감이 그렇게 많은 것이 아니었다.

공부도 일찍 시작해야 더 효과가 좋다. 동환이가 4살 때부터 목동의 CBS 방송국 과학 영재 프로그램에 데리고 다녔다. 장영실 반이었다. 동환이는 아주 재미있어했다. 매주 토요일이었는데 날마다 토요일을 기다렸다. 동환이는 호기심이 많았다. 과학 관련 책을 참 좋아했다. 그리고 알아낸 것을 진경이 어머니회 엄마들에게 설명하곤 했다. 그래서였는지 별다른 공부를 시키지 않았는데도 관찰력과 탐구심이 좋았다. 초등학교 4학년 때부터 교육청 영재반에서 공부했다. 일주일에 한 번씩 토요일에 가서 공부했는데 창의력 수업으로 많은 도움이 되었다. 그때 해둔 수업이 도움이 되어서인지 수학 과학에 재능이 많다는 걸 알게 되었다. 동환이는 초등학교 1학년 때부터 안 풀리는 문제가 있으면 문제가 풀릴 때까지 몇 시간이고 집중할 줄 알았다.

칼 비테의 『자녀교육 불변의 법칙』에 보면 칼이 3~4세 때부터 교육하였다고 한다. 아니 태어나면서부터 오감훈련을 하였다고 한다. 4세 때부터 체계적으로 다양한 분야를 골고루 교육시켰다. 괴테도 4세부터 가정교사로부터 교육받았다. 일찍 배울수록 유리하다는 것은 아주 오래전부터 우리 선조들도 알고 있었던 일이었다. 퇴계 이황과 율곡 이이도 어려서부터 글을 읽혀 후일 큰 학자가 되었다.

이처럼 일찍 시작해서 성공한 예는 많다. 김연아도 7살 때 군포 스케이트장을 찾았다가 피겨 스케이트에 입문했다고 한다. 정확한 때는 존재하지 않을지도 모른다. 그러나 너무 늦으면 사고의 유연성과 신체의 유연성이 떨어져 시작해도 큰 성과를 낼 수 없는 종목도 많다. 악기가 그러하고 스포츠가 그렇다. 재능이 있다면 꾸준히 포기하지 말고 끝까지 해내야 성공할 수 있다는 것이다.

이론은 명확하고 몇 줄의 문장은 쉬울지 모른다. 그러나 그것을 끝까지 해내고 실천하고 유지하는 일은 이만저만한 인내와 노력이 바탕이 되지 않고는 힘든 일이다.

내 아이만큼은 너무 일찍부터 고생시키고 싶지 않다, 내 아이는 자유롭게 고통 없이 자라게 하고 싶다고 말하며, 학교에 입학하기 전까지 일체의 교육을 시키지 않았던 부모들은 후일 크게 당황할 수도 있다. 아이들은 금방 학교에 입학하면서부터 자신이 다른 친구들에 비해 못한다는 것을 인지한다.

아이들의 눈높이에서는 그들의 또래 집단은 거대한 사회이다. 그 사회에 첫발을 내디뎠을 때 자신감을 가질 수 있도록 어느 정도는 가르쳐야 한다. 서로 소통하고, 많이 뒤처지지 않도록 골고루 다양한 놀이와 교육을 시켜서 보내도록 해보자.

아이들에게 너무 빠르지도 않고, 너무 늦지도 않게 골고루 다양한 체험을 하게 해주자. 햇볕을 많이 받도록 야외로 많이 나들이를 다니자. 다양한 운동을 시켜보자. 건강한 육체에 건강한 정신이 깃들게 될 테니. 그리고 많은 이야기를 들려주자. 아이들의 상상력은 앞으로의 인생에 큰 밑거름이 될 테니.

아이에게
자존감을 심어줘라

자존감과 자신감의 정의를 내리고 이야기를 시작해야 할 것 같다. 네이버지식백과에 따르면 자존감이란 스스로 품위를 지키고 자기를 존중하는 마음, 자신에 대한 존엄성이 타인들의 외적인 인정이나 칭찬에 의한 것이 아니라 자신 내부의 성숙된 사고와 가치에 의해 얻어지는 개인의 의식이라고 한다. 자신감이란 어떠한 것을 할 수 있다거나 경기에서 이길 수 있다는 느낌이라고 한다.

살아가면서 자신감이 중요하다. 그러나 자존감은 더욱 중요하다. 살아가면서 자신을 존중하고 자신의 품위를 지키며 내부에서 우러나온 성숙한 사고와 높은 의식 수준을 지키려고 하는 일은 매우 중요하다.

부모의 사랑을 많이 받고 자란 아이는 당연히 자존감이 높다. 자신을 귀한 존재로 여긴다. 그래서 함부로 몸과 마음을 낭비하지 않는다. 스스로 귀하게 대우하는 것이다.

올해 1월 중순 즈음이었다. 우리 집 강아지 리온이와 아시아 선수촌 공원을 산책하고 있었다. 나의 유일한 운동은 귀에 리시버를 꼽고 산책을 하는 일이다. 그러다가 한 유튜브 동영상을 듣게 되었다. 에너지가 넘치는 경상도 억양의 한 남자의 목소리를 듣게 되었다. 고시원에 기거하며 막노동을 하며 시를 썼던 한 남자의 이야기였다. 7년 동안 매일매일 시를 썼고 기어이 작가가 되었다는 이야기, 막노동을 하다가 공사판에서 녹슨 못을 밟아 일을 못 하게 되어 며칠을 굶었다는 이야기, 굶다 굶다가 고시원 밥솥에 있는 밥에 물을 말아서 고시원 냉장고에 누군가 가져다 놓은 김치를 꺼내 먹었다는 이야기, 죄책감과 같이 물에 말아 먹은 그 밥이 그것이 그렇게 꿀맛이었다는 이야기, 아버지가 노름을 하시다가 돈을 잃고 음독자살하셨다는 이야기. 아버지가 농약을 잡수시고 병원에 누워 계실 때, "아버지! 도대체 왜 그러셨어요?" 하는 대목에서 나는 막 눈물이 흐르기 시작했다.

한겨울 차가운 바람이 휘익 불자 나뭇가지에 쌓였던 눈이 떨어져 내 흐트러진 머리 위에 내려앉았다. 그리고 이어지는 이야기. 한 친구를 사귀게 되었고, 술을 같이 마시고 취했을 때 카드를 훔쳐가서 마구 써서 신용불량자가 되었고, 얼마 후 경찰서에서 연락이 왔는데 고소를 하지 않았다는 이야기. 난 생각했다. "그런 건 용서해 주면 안 되는 건데…."

나는 나도 모르게 혼자 중얼거렸다. 나도 똑같은 경험을 했다. 나에게 손해를 크게 끼쳤던 그들은 잘살고 있을까? 그런 생각을 하며 집 쪽으로 발길을 돌렸다. 차디찬 바람이 세게 얼굴을 때렸다. 바람이 휘익 불며 패딩코트 자락을 펄럭였다. 나는 동영상을 연속으로 들으며, 울다가 웃다가를 반복하며 걷고 있었다.

'참, 대단한 사람이구나! 그 척박한 곳에서 기어이 삶을 일구어냈구나!' 누군지 몰랐지만, 이렇게 당당히 자신의 과거를 생생하게 얘기하며, '이런 나도 했는데 여러분도 해낼 수 있다'고 말하는 이 사람은 도대체 누굴까? 궁금해졌다.

차디찬 바람이 휘익 불어 펄럭이는 패딩코트 주머니 속에서 핸드폰을 꺼내 들고 검색하였다.

사람들에게 용기와 희망을 주는 일은 쉽지 않은 일이다. 그런데 그는 자신의 과거를 낱낱이 고백하고 현재 자신의 위치가 여기에 와 있다는 것을 자신 있게 시청자들에게 말하고 있었다. 지금은 150억의 자산가이고 100평의 펜트하우스에 살고 있다는 것, 람보르기니, 벤츠 등 6대의 고급 승용차를 굴린다는 것, 고급시계와 고급 만년필을 사용한다는 것을 들을 때는 웃었다.

산책이 끝날 즈음에는 '이 사람은 굉장한 의식 전도사구나!' 하며 무릎을 탁! 치게 되었다. 이 사람은 운의 99%를 스스로 쟁취했다. 말더듬이면서 작가의 꿈 너머 강연가의 꿈을 꾸었다. 말더듬이에서 강연가로 살았다는 것 하나만으로도 기적이었다. 기적 너머에 기적을 무수히 만들어낸 작가, 출판기획자, 베스트셀러 작가, 한국책쓰기1인창업코칭협회 대표, 김도사TV의 김태광 사장이다.

이것은 절대적인 자존감이 없으면 일어날 수 없는 일이다. 아무리 어려운 역경 속에서도 기어이 해내는 힘이 바로 자존감이다. '나는 이런 사람이다. 나는 이런 사람으로 살 것이다.' 누구도 짓밟을 수 없는 자존감의 힘을 가장 잘 설명한 이가 『죽음의 수용소에서』를 쓴 빅터 프랭클(유태계 정신과 의사이자 심리학자)이다.

제2차 세계대전 당시 유태인 강제 수용소 '아우슈비츠'에서의 경험을 담은 책 『죽음의 수용소에서』를 읽어보라. 죽음 앞에서도 인간의 존엄성은 그 어떤 공포로도 짓밟을 수 없다는 것이다. 내가 허용하지 않는다면 절대로 그럴 수 없다. 빅터 프랭클은 인간으로서의 존엄성을 잃지 않기 위해 최선의 노력을 했다. 프랭클이 발견한 것은 살아남느냐, 죽느냐의 문제는 본인의 내적인 힘이지 육체적으로 강한 사람이 살아남는 것이 아니라는 점이다.

자신이 고결한 사람이 되느냐, 인간의 존엄성을 잃고 짐승처럼 살다가 죽느냐의 문제는 결국 본인의 선택에 달려 있다는 것이다. 그 어떤 시련과 고통이 우리에게 덮쳐온다고 해도 한 가지, 자유가 태도를 결정한다. 삶을 선택할 때 정신의 자유를 잃게 되면 우리는 죽을 수밖에 없게 된다는 것이다. 그는 니체의 말을 인용하며 '왜 살아야 하는지 아는 사람은 그 어떤 상황도 견딜 수 있다.'라고 자신의 경험을 술회했다.

아이에게 자존감을 심어주는 것은 사랑을 해주는 일이다. 사랑을 듬뿍 받고 자란 아이는 자존감이 강하다. 비난을 받고 자란 아이는 자존감이 낮다. 그것은 우리 아이들이 어른이 된 후에 역경과 시련 속에서도 자긍심을 갖고, 김태광(김도사) 사장이나 빅터 프랭클처럼 딛고 일어설 수 있는 근력이 되는 것이다.

끊임없이 도전해서 성공을 이루는 사람이 있는가 하면, 실패할까 봐 계속 망설이는 사람이 있다. 그것이 바로 사랑을 많이 받고 자란 아이의 자긍심이다. 바로 자존감이다. 자기 자신이 얼마나 위대해질 수 있는지 안다면 시련이 와도 일어서는 것이다. 자존감이 높은 사람은 긍정적이다. 자기 이해력이 있고 자기 자신의 단점과 장점을 들여다보며 스스로 해결하려는 힘이 있다.

내가 진경이를 독일 유학을 보내면서 불안해하지 않았던 이유는 진경이는 자존감이 높은 아이였기 때문이었다. 그리고 이미 고등학교 때 자아 정체성이 확고하게 자리 잡고 있었다. 여자아이 혼자서 이역만리 타국에서 남자친구나 만들지 않을까 걱정해본 적이 전혀 없다. 자신이 매우 귀한 존재라는 것과 본인이 고귀하게 자랐다는 걸 누구보다도 잘 알고 있었다.

매우 긍정적이고 단단하게 자리 잡은 진경이의 자아 정체성을 잘 알기에 어디에 내놓아도 불안하거나 걱정되지 않았다. 첼로를 하고 싶은 열정이 많다는 걸 알기에 전혀 불안하지 않았다. 자신이 고귀하게 자랐다는 것과 원주 원씨가문 15대 종가의 딸이라는 것을 명심하게 했다. 진경이는 자기가 누구보다도 귀하게 자랐고, 할머니 할아버지가 어떻게 살아오셨는지 알았다. 엄마와 아빠가 너를 어떤 마음으로 귀하게 키웠는지 누구보다 잘 알았다. 너는 왜 사랑하는 가족을 떠나 독일에 와 있는지 한

시도 잊으면 안 된다고 가르쳤다.

"네 내부의 빛이 꺼지지 않도록 항상 너의 꿈을 들여다보아라!"

진경이가 아침에 눈을 뜨자마자 보이는 천정에 검은 매직으로 크게 써서 붙여놓았다.

"나의 작은 독수리야!! 부리를 높이 쳐들고 높이높이 날아올라라! 그리고 절대로 돌아오지 말아라!"

이것은 화장실 변기에 앉아서 가장 잘 보이는 타일에 붙여놓았던 글귀이다. 진경이는 독일에서 이사를 다닐 때에도 이 카드들을 들고 다녔다.

겸손함을
몸에 배게 하라

첼로의 거장 로스트로포비치의 이야기이다. 38년 전 어느 날, 로스트로포비치 콩쿠르가 끝나고 엘리베이터에서 첼리스트 조영창과 첼로의 거장 로스트로포비치가 마주쳤다. 청년 조영창의 연주를 인상 깊게 보았던 로스트로포비치는 "Where are you from?"라고 물었고 "I'm from Korea."라고 청년 조영창이 대답했다.

그곳에서 로스트로포비치와 첼리스트 조영창의 인연이 시작되었다. "9월에 프랑스 파리에서 내가 연주하는데 너를 잠깐 가르쳐줄 수 있다. 그곳 ㅇㅇ레스토랑에서 만나자."라고 로스트로포비치가 제안했다. 그 후 6개월이 지나 전화도 없었고 편지도 없었다. 청년 조영창은 낡은 중고차를 타고 독일에서 프랑스까지 10시간을 넘게 운전하고 찾아갔다. 혹시 잊어버리셨을지도 모른다는 생각을 하면서 들어선 레스토랑에 놀랍게도 로스트로포비치가 먼저 와서 기다리고 있었다.

놀라움과 기쁨으로 허그를 하고 그때부터 그들의 긴 여정이 시작되었다. 그 후로 로스트로포비치 선생님이 유럽에서 연주하실 때마다 청년 조영창을 부르셨다. 청년 조영창은 로스트로포비치가 있는 곳을 향해 낡은 자동차를 타고 갔다. 아무리 먼 곳이라도. 38년 된 일이니 그때 전화도 연락이 잘되지 않았던 시절이었다. 로스트로포비치는 한 번도 약속을 어긴 적이 없었다고 한다. 당연히 로스트로포비치는 레슨비를 받지 않으셨다고 했다.

한번은 로스트로포비치 선생님과 청년 조영창이 레슨이 끝나고 술 한잔을 하고 있었다. 밖으로 나갔는데 커다란 트레일러가 있었다. 붉은 노을이 낮게 드리운 저녁 무렵이었다. 로스트로포비치 선생님이 갑자기 트레일러 위로 올라가셨다. 북쪽을 향해 한참을 서 계셨다. 그러더니 갑자기 눈물을 주르륵 흘리시는 것이었다. 왜 그러시냐고 했더니 자신의 조국을 생각한다고 했다. 그 순간 둘은 깊이 포옹을 했다. 둘은 뜨겁게 포옹을 하며 자신들의 조국을 생각했다고 한다. 분단된 조국을 생각하며 가슴이 뜨거운 감동적인 순간이었다고 했다.

독일 장벽이 무너졌을 때, 로스트로포비치는 첼로를 들고 동독과 서독을 가로막았던 장벽 앞에서 연주를 했다. 그것은 유명한 일화이다. 흑백의 그 감동적인 사진을 보았을 때, 시공간을 넘어 가슴이 뭉클해졌다.

므스티슬라브 로스트로포비치는 몇 년 동안 지속적으로 청년 조영창에게 한 번도 레슨비를 받지 않고 레슨을 해주었다. 세계적인 첼로의 거장 로스트로포비치는 돌아가실 때까지 연주 스케줄이 꽉 차 있을 정도로 바쁘셨다. 항상 청년 조영창을 불러서 레슨도 해주고 끝나면 술도 같이 마셨다고 했다. 진정한 대가의 모습이다. 그 후, 조영창 선생님도 개인 레슨비를 절대로 받지 않으셨다. 독일 에센 폴크방 대학교의 조 선생님 클래스에 들어가 제자가 되면 개인 레슨비를 받지 않으셨다. 그 스승에 그 제자이다.

음악가들은 교수가 되어도 더 좋은 연주를 하기 위해 레슨을 받는 분들이 있다. 그런 분들이 정말로 겸손한 분들이다. 조영창 교수에게 레슨을 받으러 가면 레슨비를 받지 않으시니 조금 난감하다. 그러니 함부로 레슨을 부탁하지도 못한다. 아름다운 풍경이 아닐 수 없다.

우리는 자녀에게 겸손해야 한다고 가르친다. 우리 자신도 겸손해야 한다. 그러나 진정으로 겸손한 사람은 자신이 겸손하다는 것도 모른다. 몸에 밴 친절함과 타인에 대한 배려와 이타심으로 행위에 어떤 계산이 숨어 있지 않다.

스노우폭스 김승호 회장이 성공하려면 인사를 잘하라고 했다. 그것이 겸손의 첫걸음이다. 고개를 숙여 아는 모든 지인이나 청소부 아줌마, 경비아저씨에게 인사를 하는 것이 겸손의 첫걸음이라고 했다.

나의 7번째 막내 남동생이 있다. 남동생이 벌써 47살이 되었다. 남동생이 4살 때부터 동네 사람들한테 얼마나 인사를 잘하는지 동네 사람들의 칭찬이 자자했다. 정말 아무나 보면 허리를 굽혀 배꼽 인사를 했다. 어려서부터 애어른이라고 했다. 말이 느릿느릿한 그 아이는 뭘 해도 잘할 것 같았다. 막내 남동생은 정말 화를 내는 것을 본 적이 없다. 너무 착해서 손해만 보고 살면 어쩌나 할 정도였다. 지금 막내 남동생은 모 자산운용사 상무이사이다. 투자자들에게 엄청난 신뢰를 받고 능력 있게 일을 잘하고 있다. 항상 겸손하고 궂은일은 혼자 맡아서 한다. 능력이 겸비된 겸손함이 그 사람을 성공자로 만든다.

겸손이 몸에 배게 하려면 인사를 잘해야 한다. 겸손의 첫걸음은 인사이다. 몸을 낮추어 자꾸 인사를 하다 보면 상사들도 관심을 가지고 그 아랫사람을 보게 되고 기회가 주어진다. 그런 사람은 주변 사람들의 도움을 받게 되어 있다. 인생이 자기도 모르게 운이 좋은 쪽으로 술술 풀리게 된다.

빌 게이츠 집안은 너무 유명해서 모두가 잘 알고 있다. 빌 게이츠의 아버지 윌리엄 게이츠와 어머니 메리에게는 자녀교육 십계명이 있다.

1. 자녀를 깍듯이 예우하라.
2. 고집이 센 자녀를 지원하라.
3. 칭찬을 할 때에도 비교하지 마라.
4. 큰일에 실패한 자녀를 격려하라.
5. 선택의 자유를 반복하도록 훈련하라.
6. 사람이 주는 상을 탐내지 마라.
7. 가장 중요한 것은 창의성이다.
8. 외로움을 스스로 극복하도록 가르쳐라.
9. 최고의 전문가가 되도록 당부하라.
10. 희생이 최후의 안식처임을 일깨워줘라.

– 김성진, 『지금 바로 행동하고 실천하라』 중에서

윌리엄 게이츠는 아들 빌 게이츠가 성공한 후에도 항상 겸손한 마음으로 사업에 임하라는 말을 잊지 않았다. 세계 1위의 갑부의 아버지가 그의 아들에게 항상 겸손하라고 강조하였다. 모범생이었고, 일생을 항상 성실하게 자기의 일에 적극적으로 도전했으며, 노블레스 오블리주를 실천하고 있는 빌 게이츠에게도 부모는 항상 겸손하라라고 가르쳤다. 빌 게이츠의 아버지 윌리엄 게이츠는 미국의 시애틀에서 유명한 변호사였다. 외할아버지 J. W. 맥스웰은 미국 국립은행 부은행장이었다. 빌 게이츠는 아버지를 존경하며 늘 감사하게 생각했다.

"소프트웨어 개발업무는 내 삶에서 매우 즐거운 일이고, 그 과정에서 자만심이 생길 수도 있었다. 하지만 아버지는 나에게 무슨 일을 하든 항상 겸손하라고 일깨워주셨다."

칼 비테도 아들인 칼이 어려운 수학 문제를 풀어도 과한 칭찬을 하지 않았다. 자칫 자만에 빠져서 성장 잠재력을 잃을까 두려워서 "잘했구나, 하느님도 기뻐하실 거야."라고만 했다. 칭찬의 수위를 항상 조절했다.

내가 좋아하는 음악가가 있다. 어려서부터 남다른 재능이 있다. 그런데 어느 날부터 갑자기 태도가 달라지기 시작했다. 나이 30대에 세계적인 대가의 반열에 오른 듯 거만해지고 남을 쉽게 비하하였다. 재능이 있고 연주도 참 잘했다. 그러나 인성만큼은 숨길 수가 없다. 앞에서 상대방을 칭찬하고 돌아서면 바로 그 사람을 비하하고 조롱했다. 속으로 '이 친구는 믿을 수가 없는 친구구나!' 하고 신뢰하지 않게 되었다. 다른 사람들한테 이 친구의 얘기를 듣게 되면 참 안타깝다. 장래가 촉망되는 친구인데 너무 어려서부터 주변 사람들로부터 칭찬만 받고 자라서 그런지 겸손함이 없다. 어떤 이들은 겸손하고 유쾌한 친구라고 할지도 모르지만 가까이에서 오랫동안 지켜보던 사람들은 다 눈치 채고 있다. 생선을 쌌던 종이에서는 비린내가 나고 향나무를 쌌던 종이에서는 향내가 난다.

좋은 재능과 훌륭한 인격은 비례하는 것이 아니다. 따라서 겸손함을 어려서부터 몸에 배게 가르쳐야 한다. 그래야 재능이 더욱 오래오래 빛을 발할 것이다.

지력, 체력, 심력을 키워줘라

학부모들이 가끔 나에게 자녀교육 컨설팅을 받고자 할 때가 있다. 내가 늘 강조하는 말이 '지력, 체력, 심력'을 키우라는 것이다. 그중에서 하나라도 빠지면 좋은 결과를 만들어 내기가 힘들다. 학부모들의 바람은 대부분 좋은 대학에 들어가는 것이었다.

첫째, 지력이다. 고도의 집중력을 발휘해 몰입하여 공부해야 한다.

둘째, 체력이다. 체력적으로 약하면 고도의 집중력을 발휘할 수 없다. 몸이 아프면 몰입이 힘들어지기 때문이다.

셋째, 심력이다. 아무리 공부를 많이 하고 체력적으로 건강해도 심력이 약하면 좋은 결과를 낼 수 없다. 공부나 악기나 항상 시험을 통과해야 한다. 시험이나 입시라는, 가슴 떨리는 관문을 통과해야 더 높은 학교나 단계로 나아갈 수 있는 것이다. 이럴 때, 심력이 약해서 실력을 발휘하지 못한다면 얼마나 안타까운 일이겠는가.

실제 나의 경험이다. 진경이가 처음에 첼로를 시작하고 예원학교 3학년 때까지 계속 콩쿠르만 나가면 떨어지는 것이었다. 몇 년 동안은 연습이 덜 되어 떨어졌을 거라고 했다. 그래서 진경이에게 더 집중해서 연습해야 한다고 했다. 더 죽도록 연습하면 꼭 될 거라고 했다. 그래도 꼭 한 군데서 어이없게 틀려서 망치곤 했다. 나중에는 아이가 불쌍하고 그토록 고생했는데 안쓰럽고 화도 났다. 가만히 생각해보니 진경이가 심력이 약하다는 걸 깨닫게 되었다. 나는 진경이와 심리치료를 위해 신경 정신과에 등록하기도 했다. 이것저것 다 해보아도 소용이 없어서 명상을 배우게 했다. 우연히 참선을 25년 동안 하신 스님 한 분을 소개받았다.

아무것도 안 하고 명상을 하고 앉아 있으면, 나의 마음은 매우 혼란스러웠다. 저렇게 아무것도 하지 않고 앉아 있느니 차라리 연습하는 것이 나을 것 같았다. 나의 마음은 조급했다. 이 시간에 친구들은 열심히 연습하고 있을 텐데 아무것도 하지 않고 앉아 있는 걸 보자니 정말 답답했다. 그래도 참고 기다렸다. 하루에 1시간씩 명상을 하고 잤다. 조금씩 자존감이 회복되며 심력이 단단해지는 것이 느껴졌다.

동환이한테도 똑같이 고2 때부터 명상 훈련을 하였다. 동환이는 하루 5분부터 시작하여 꼭 하루에 15분 명상하고 잠자리에 들도록 하였다. 입시 전날까지 명상하는 시간을 체크하였다. 그 대신 다른 것은 잔소리하지 않았다. 매일 명상하는 것만 체크하였다. 그러니 아이들도 엄마의 의견을 수용하였다. 다른 잔소리보다 "명상은 했니?" 이것만 물어보니 아이들이 싫어하지 않았다.

명상은 지력과 심력, 2마리의 토끼를 잡는 일이다. 내가 다른 경쟁자들에게 가르쳐주고 싶지 않은 탑 시크릿이다. 성공한 수많은 정치인, 학자, 의사, 운동선수들이 명상을 권유하고 있다. 최고의 골프 선수인 타이거 우즈도 명상을 했다고 한다. 명상을 해서 지력과 심력이 높아지는 것은 두 아이를 키우면서 한 일 중, 가장 잘한 일이라고 생각한다.

명상을 하고 나서 아이들에게 별로 잔소리를 하지 않았다. 공부를 안 한다고 소리 지르는 일도 하지 않았다. 명상을 하고 진경이는 무대에서 실수하는 일이 없어졌다. 어려서 진경이는 떨리는 걸 감추기 위하여 과잉 모션을 취했다. 자신이 떨고 있는 걸 관객이 알게 될까 봐 그런 것이었다.

나에게 커다란 숙제는 동환이의 체력이었다. 진경이는 원래가 체력이 좋아서 걱정할 필요가 없었다. 유쾌하고 긍정적이고 아무리 연습을 시켜도 금방 체력을 회복하였다. 그러나 동환이는 체력이 약했다. 한번 수영장에 빠져서 큰일 날 뻔하였기 때문에 나는 심리적으로도 그 아이를 강하게 대하지 못하였다. 동환이도 학교에서 돌아오면 일단 밥을 먹고 한숨 자고 일어나서 7시부터 공부를 하였다. 과외나 학원을 가는 날은 집에 돌아와 1시간 정도만 공부하면 눈이 빨갛게 충혈되어 컨디션 관리한다고 잠자리에 들었다.

나는 동환이의 체력을 어떻게 하든 끌어 올려야 했다. 그래서 책을 많이 읽어보았다. 그중에서 『하늘 건강법』(CMC한의원 연구그룹)이라는 책을 발견하게 되었다. 저자가 황민, 윤주영, 박희전, 김철수, 하명효, 류상현, 송창수, 서영태 한의사 선생님들이시다. 효과를 톡톡히 보았기 때문에 감사해서 이분들의 성함을 다 옮긴다.

이 책에 의하면 사람이란 태어날 때 하늘로부터 부여받은 그 사람 고유의 신체적 특징이 있다고 본다. 평생 변하지 않는 그 사람만의 고유한 신체 장기의 강하고 약한 특징을 가지고 있다고 본다. 이것을 8가지 체질로 분류하는 학문으로 한의학자 중에도 이것을 믿는 분들이 있고 그렇지 않은 분들도 있다. 나는 이 책을 10번 넘게 읽었다. 특히 동환이에게 맞는 체질 음식을 사다가 해 먹였다. 그러자 조금씩 체력이 좋아지기 시작했다. 고3 때는 12시까지 공부할 수 있게 되었다. 한의원을 가지 않고 이 책을 수없이 반복해서 읽으면서 동환이가 소양인이라는 것을 알게 되었다. 이 책에서는 소양인을 다시 토음인과 토양인으로 분류하고 있지만 나는 그냥 소양인으로 생각하였다. 그래서 메기를 넣고 육미지황탕을 달여서 먹였다. 그러면서 체력이 좋아지고 공부시간도 늘릴 수 있었다.

지력, 체력, 심력이 삼위일체를 이루어 학업에 정진한다면 성공하는 사람들의 대열에 합류할 것이다. 그냥 단어만 수천 개 암기하고 수학의 정석만 5번, 10번 반복해서 푼다고 해서 만점을 받을 수 있겠는가. 우연히 성적이 잘 나온다고 해도 우리 인생에는 계속 미션이 주어진다. 그 미션을 잘 해결해 나가려면 지력, 체력, 심력을 잘 키워나가야 한다.

악기를 시키는 학부모들이 가끔 상담을 해오면 고3이면 올림픽 출전하는 선수들처럼 건강관리를 과학적으로 해주라고 조언한다. 사실 음악은 악보에서 음정 들어주고 박자 세어줄 것이 아니라면 맛있는 음식 해서 먹이고 컨디션 조절해 주는 것이 제일 중요하다.

나는 동환이가 고3 때 매주 가락시장에 가서 전복과 장어를 사서 냉동실에 넣어놨다가 직접 구워서 먹였다. 등심을 냉동실에 켜켜이 넣어두었다가 한 장씩 구워주었다.

내 친구의 딸 유정이가 있다. 유정이는 우리나라 싱크로나이즈 국가대표였다. 유정이는 미국으로 유학을 가서 석사와 박사를 하고 지금은 워싱턴에 있는 대학의 교수가 되었다. 미국으로 유학 간 친구들 얘기를 들으면 미국의 대학은 짐(스포츠 센터)이 너무 잘 설치되어 있다고 한다. 대학마다 공부하다가 운동할 수 있도록 스포츠 센터가 잘 설치되어 있다고 한다. 유정이가 석사와 박사 공부하다가 개(시베리안 허스키)를 데리고 매일 조깅을 했다는 얘기를 들었다. 미국의 대학생들은 그것이 일상이라고 한다. 유정이는 공부에 지치면 시베리안 허스키를 데리고 4km씩 조깅을 했다고 한다. 동환이도 하루에 한 시간씩 운동하고 있다. 체력이 있어야 심력이 살고 심력이 되어야 지력을 발휘한다.

동환이가 수능시험 보는 날 생각이 난다. 남편이 운전하고 나와 동환이는 뒷좌석에 앉아 있었다. 어슴푸레한 새벽, 시험장 입구에서 도시락을 들고 입구에 내려주었다. 파이팅이라 외치면서 동환이를 안고 기도했다. 기도하는 동안, 동환이의 심장 소리가 내 귀에 쿵쾅거리며 크게 들렸다. 심장 뛰는 소리가 북소리처럼 들렸다. 얼마나 긴장을 했으면 그렇게 심장이 요동쳤을까? 동환이도 심력이 약해서 정말 한 문제도 안 틀리던 물리1에서 실수를 했다. 그것을 알고 나자 그만 수능시험 전체를 포기하고 싶었다고 했다. 한참 후, 정신을 차리고 다시 마음을 가다듬고 끝까지 풀었다고 했다.

수능시험이 끝나고 동환이한테 전화가 왔다. 받아보니 울먹였다. "시험 망쳤어요!" 나는 너무 안쓰러워서 "괜찮아! 괜찮아!" 했다. 나중에 알고 보니 그해 수능이 어렵게 나와서 동환이가 유리했다. 수능 문제가 어렵게 나온 것이 동환이한테는 행운이었다. 그만큼 심력이 중요하다. 매일 명상을 시켰는데도 평소에 안 틀리던 쉬운 문제를 틀리는 것이다. 심력이 약한 학생은 평소 실력과 비교했을 때 실제 수능시험 성적에서 30점 정도 차이가 나기도 했다. 심력이 있어야 결정적인 무대에서 좋은 결과를 낸다. 지력, 체력, 심력을 키워라.

4 장

자녀를 위대하게 키우는 8가지 방법

결정적 시기를 놓치지 마라

『하버드 부모들은 어떻게 키웠을까』를 보면 하버드에 가거나 줄리어드에 입학하여 뛰어난 성과를 이뤄낸 인물들을 인터뷰한 내용이 나오는데 하나같이 모두 일찍 시작했다는 걸 알 수 있다. 특히 악기는 일찍 시작하여야 성과를 낼 수가 있다고 알려져 있다. 악기는 늦게 시작하여 잘하는 걸 본 적이 없는 것 같다. 유연한 근육과 뼈 그리고 유연한 뇌, 음정까지 어렸을 때부터 훈련이 되어야 더 빨리 습득이 된다는 것이다.

결정적 시기라는 것은 꼭 시켜야 할 적절한 때를 가르치는 것을 말한다. 영어 공부를 시작하여야 하는 때, 수학 공부를 시작하여야 하는 때가 있다. 아이마다 습득하는 속도나 과정이 다르기 때문에 조금씩 다를 수 있다. 영재학원, 영어학원, 수학학원에 보내라는 말이 아니다.

집에서 수의 개념에 대하여 시작하고 글자를 익히는 것을 조금 일찍 시작하라는 것이다. 글자를 놀이처럼 시작한 아이는 계속 되풀이 반복을 통하여 완벽하게 습득이 된다. 통 문자로 글자를 익히게 하고 책 읽는 재미를 빨리 알게 하는 것이 좋다. 그러면서 서서히 책을 읽어주는 것을 잠자리에 누워서만 읽어주면 된다. 그러면 아이는 낮에는 책을 읽으면서 놀게 된다. 아이를 관찰하면서 책을 읽도록 유도하면 된다. 요즘은 책이 재미있게 잘 만들어져 있어서 가지고 놀기가 더욱 좋아졌다.

숫자도 놀이처럼 시작하여 사탕이나 사과 등 먹는 것을 가지고 놀이처럼 수의 개념을 익혀가며 조금씩 과정을 높여 나가야 한다. 아주 조금씩 매일 꾸준히 해나가는 것이 중요하다. 꾸준히 한다는 것이 말은 쉽지만 실천하기는 정말 쉽지 않다. 육아에 지치고 이런저런 대소사를 치러 나가면서 꾸준히 아이의 교육에 10분씩이라도 할애한다는 것이 이만저만 어려운 일이 아니었다.

나는 동환이에게는 결정적 시기에 알아야 할 것들을 정확하게 시켰다고 생각한다. 그러나 진경이에게는 그렇지 못했다. 첫아이라서 욕심이 앞서기도 했고, 내가 잘 몰랐다. 동화책도 읽어주고 몬테소리 교구를 엄청나게 사서 집을 유치원처럼 꾸며놓기도 했다. 그러나 아주 결정적 시기에 시켜야 할 것들을 정확하게 시켰다고 말할 수는 없다. 지나치게 쓸데없이 많은 장난감 때문에 오히려 아이가 집중력을 잃게 만들 수도 있다. 이거 가지고 놀다가 금방 저거 가지고 놀고 버리고, 또 다른 것을 가지고 놀았다. 나는 장난감을 한꺼번에 많이 사주는 것에 반대한다. 하나의 장난감이나 교구에 집중하여 충분히 가지고 놀고 싫증이 났을 때, 또 사주어야 효과적이라고 생각한다.

나는 동환이에게 '일일공부'라는 학습지를 하루에 한 장씩 오는 것으로 시켰다. 5분이면 끝나니까 자꾸 더하자고 했다. 맛만 보여주는 식이었다. 국어 2문제, 수학 3문제 이런 식이었다. 공부를 싫어하게 만드는 것은 엄마의 욕심이 만들어 낸 결과이다. 처음부터 한꺼번에 많이 시키지 말고 아주 조금씩 맛만 보게 하면 된다. 아이가 눈치 채지 못하게 조금씩 늘려나가야 한다.

수리의 개념과 읽기를 가르치고 나면 엄마들은 욕심이 생긴다. 그래도 한꺼번에 책을 주면 안 된다. 한 권을 계속 반복하여 읽게 하는 것이 더욱 효과적이다. 진경이에게는 수십 권의 책을 질로 사줬다. 그러나 동환이에게는 한 권씩 사주었다. 한 번에 많이 사주면 한 권을 계속 읽게 되지는 않는 것 같다.

나는 아이가 유치원에 들어간 후부터 초등학교에 들어가기 전까지 운동을 시켰다. 수영, 스키, 스케이트, 발레, 농구, 축구, 검도 등을 시켰다. 입학한 후부터는 방학 때마다 개인 레슨으로 교정을 시켰다. 그래야 완전히 자세가 잡힌다. 그것을 6학년 때까지 시켰다. 공부는 꾸준히 아이의 진도를 관찰해가며 적절한 때에 적당한 학원이나 선생님을 알아보아야 한다. 누구를 만나느냐는 너무나 중요하기 때문이다. 동환이가 영어에 애를 먹었던 것은 내가 영어 선생님이나 영어학원을 잘못 골랐기 때문이다. 지금 생각해보면 그냥 쉬운 영어 동화책을 계속 읽게 하는 것이 훨씬 좋은 방법이었다. 나는 영어를 빨리 잘하게 하고 싶어서 미국 초등학교 교과서로 수업하는 학원으로 보냈다. 비용만 많이 들고 효과는 적었다.

결정적 시기가 가장 중요한 과목은 수학, 영어, 과학인 것 같다. 읽기는 일찍 시킬수록 유리하다. 결정적 시기라 함은 '너무 늦지도 않게 너무 빠르지도 않게'를 의미한다. 어려서부터 흥미를 가지고 있던 과목은 커서도 잘하는 것 같다. 동환이를 4살 때부터 CBS 과학영재원에 데리고 다녔다. 그때부터 지금까지 과학자의 길을 가고 있다. 진경이는 4살 때부터 피아노학원에 다녔다. 그랬더니 음악가가 되지 않았는가. 아이들이 어려서 어떤 환경에 노출되었는지는 중요하다. 이것저것 경험해보게 해야 한다. 내 아이가 무엇에 눈이 반짝거리는지 엄마는 세심히 관찰해야 한다.

『0~7세, 결정적 시기를 놓치지 마라』를 쓴 전병호 작가는 책의 목차에서 자녀교육의 에센스를 다 서술하고 있다. 중요한 몇 가지만 추려 소개하겠다.

타고난 천재를 평범한 아이로 키우지 마라.

아이의 미래는 부모의 습관이 만든다.

행복한 교육을 받은 아이가 미래에도 행복하다.

한글. 영어. 수학. 예체능, 결정적 시기에 시작하라.

영어, 결정적 시기에 언어로 가르쳐라.

스토리텔링 수학으로 쉽고 재미있게 가르쳐라.

음악교육은 최초의 언어교육이다.

체육교육으로 체력과 자신감을 키워라.

아이의 모든 것은 '독서 습관'에 달렸다.

독서교육이 학교 공부를 좌우한다.

창의성은 타고나는 것이 아니라 만들어진다.

준비된 부모가 행복한 아이를 만든다.

저자 전병호는 모든 일에 때가 있듯이 교육에도 결정적 시기가 있는데, 그것을 무시하고 그 아이의 발달 단계에 맞지 않는 과도한 양의 교육을 시키는 것은 아이를 망치는 길이라고 한다. 또한, 아이의 재능과 적성과 상관없이 무조건 공부만 강요하는 것은 시대에 뒤떨어지는 교육 방식이라고 지적한다. 0~7세는 아이 스스로 관심과 흥미를 느끼며 배우고 싶다는 본능이 생기는 시기이기 때문에 부모가 그 시기를 무심코 지나쳐 버리지 않도록 조심하고, 그 욕구를 자극시켜줘야 한다.

저자 전병호는 20년간 교육 컨설턴트로 일하며 수많은 사례를 연구했다. 이 책을 통해 한글, 영어, 수학, 독서, 예체능 등 전 분야에 걸쳐 아이 교육의 결정적 시기를 구체적으로 제시하면서 그 시기를 놓치지 않는 것이야말로 최선의 교육 방법이라고 말하고 있다. 언어 습득의 결정적 시기를 0~7세로 보고 있다. 이 시기에 지적 자극을 받으면 본능적으로 언어습득이 이루어진다. 이 시기를 놓치면 한글 교육뿐만 아니라 영어, 수학, 독서, 예체능 등의 교육에서도 피나는 노력을 몇 배로 하여야 한다.

진경이도 첼로를 9살에 시작하여 피나는 노력을 25년간 하였다. 조금만 일찍 시작하였다면 그처럼 고생하며 노력하지 않아도 그만큼 성장하였을 것이라고 생각한다. 모든 교육의 결정적 시기를 0~7세로 보는 것에 나도 수많은 책을 읽으면서 공감하고 있다. 앞서 언급했듯이 자연스럽게 아이의 발달 단계에 맞춰서 단계별로 수준을 높여가며 교육시키는 것이 중요하다고 생각한다.

독서로 사고력과 창의력을 키워라

지금까지 이 책을 쓰면서 참고했던 모든 문헌은 모두 '독서'를 강조하고 있다. 나도 같은 생각이다. 주변의 모든 의대나 서울대를 보낸 학부모들은 모두 독서를 강조하고 있다. 유아기에 독서 습관을 길들여주는 것은 수능 볼 때 족집게 과외교사보다 더 효과적이라고 보면 된다. 비유가 현실적이긴 하지만 사실이다.

『서울대 합격생 엄마표 공부법』에 등장하는 혜진이 엄마, 구상모 구상희 엄마, 배지원 엄마, 김이한 엄마, 김미령 엄마, 박태현 엄마, 이정민 엄마, 조성진 엄마 등은 모두 영유아기에 독서를 많이 시킨 분들이다. 진경이 학부모 중에 두 아이를 모두 서울대에 보낸 현석, 현지 엄마도 독서를 많이 시켰다고 했다. 이렇듯 영유아기에 책 읽기를 많이 시키는 것은 창의력 향상에 도움을 줄 뿐만 아니라 커서 공부할 때 책을 많이 읽지 않은 아이들에 비해 훨씬 효과적으로 공부할 수 있다는 것이 내 주장이고 경험이다.

나도 어려서 아이들에게 많은 책을 읽게 하고 동화 테이프나 비디오를 보여주며 책 속에 아름다운 동화의 나라가 많이 있다는 걸 알게 해주었다. 그러면서 자연스럽게 독서로 연결되도록 하였다.

『하버드 부모들은 어떻게 키웠을까』에 사례로 나오는 가나의 수도 외곽지역에서 태어난 산구 델레, 미국의 9대째 농부 라이언 퀼스, 줄리어드 음대 콩쿠르 우승자 바이올리니스트 매기 영, 흑인이며 편모슬하에서 가난하게 자란 자렐, 오클라호마주의 작은 도시 콜린스빌에서 자란 롭 험블, 사라의 딸 이민 전문 변호사 개비, 신체적 장애인 일레인 배저의 아들 척, 로니, 대럴, 호머 케니, 스티비, 데이비드 마르티네스 등 거의 200명의 인터뷰어들은 일찍 글자를 익히고 일찍 책을 읽기 시작하였다는 것이다. 그리고 독서를 중요한 삶의 일부로 받아들인 아이들이었다.

미국의 오바마 대통령 부부도 두 딸에게 갓난아기였을 때부터 책을 읽어주었다. 두 딸이 학교에 다니게 되자 책을 읽어주고 조기 학습 파트너 역할에서 벗어나 다음 단계인 항공기관사 역할을 수행하고 있다. 항공기관사 역할이란 자녀를 관리 감독하는 단계를 말한다.

이처럼 중요하고 가장 기본적인 교육은 책 읽기(독서)이다. 상담할 때 학부모들에게 제일 먼저 하는 말이 책을 많이 읽게 하라는 것이다. 책을 많이 읽은 아이들은 배경 지식이 쌓여서 새로운 지식을 쉽게 받아들이고 이해력이 빠르다. 또한 긴 문장들을 빨리 요약하여 낼 줄 안다. 그렇기 때문에 당연히 공부를 잘할 수밖에 없다. 요즘 같은 지식의 홍수 속에서 어떤 것들은 빨리 간추려 읽을 수 있고, 요점을 파악할 줄 아는 능력이 필요하다. 줄거리 추론 능력이 있어야 한다. 그래야 경쟁력 있는 사람이 될 수 있다.

나의 친구 영희 딸 S가 있다. 이 아이는 아주 어려서부터 아파트 근처 책 읽기 모임에 다녔다. 아이들이 모여서 책도 읽고 글짓기도 배우고 토론도 했다. 아주 오랫동안 그것만은 계속했다. 어려서부터 총명하고 똑똑해 학급회장은 늘 맡았다. 연대 경영학과를 졸업하고 tvN PD로 일했다. 30대 초반인데 영상 광고 업체에서 총괄 이사로 능력 있게 일하는 멋진 커리어 우먼이 되었다. S는 다방면에 원래 재주가 뛰어났다. 특히 책을 아주 많이 읽는 것으로 유명하다.

빌 게이츠, 워런 버핏 등 수많은 세계적인 대부호들도 책을 많이 읽는 독서광으로 알려져 있다. 또한 IT 계의 거장들 빌 게이츠, 스티브 잡스, 래리 페이지, 안철수 등도 책을 많이 읽는 독서광이었다.

책을 읽어서 인생을 바꾼 수많은 사례를 책으로 펴내고 있다. 예를 들면 『책이 시키는 대로 했더니 인생이 달라졌다』, 『몸값 높이는 독서의 기술』, 『퇴근 후 1시간 독서법』, 『아이의 미래를 결정 짓는 브레인 독서법』, 『재테크 독서로 월 100만 원 모으는 비법』, 『공부머리 독서법』 등 독서에 관련된 책들이 수없이 많은 것만 보아도 독서는 우리 인간에게 없어서는 안 될 소중한 정보 전달 매개체를 넘어서는 것이다.

『아이의 미래를 결정 짓는 브레인 독서법』의 저자 조은 작가는 『창조성의 비밀: 번뜩이는 생각들은 도대체 어디서 오는 걸까?』를 쓴 모기 겐이치로 뇌 과학자의 말을 인용했다.

"미래는 인공지능 시대이다. 미국의 빌 게이츠와 우리나라의 안철수는 잠재력을 발현하여 창조적인 사람으로 살아가고 있다. 미래에는 전두엽이 강하게 활동하는 창의적인 사람이 성공한다."

아이들에게 책을 장난감처럼 생각하고 놀이기구처럼 가지고 놀며 책을 재미있게 읽게 하는 데까지는 모든 부모들이 성공한다. 그러나 초등학교 들어가면서 독서를 공부로 생각하며 책을 읽어야 하는 순간 독서에 그만 흥미를 잃어버리게 된다. 그때를 잘 연결해주면 계속 책을 재미있게 읽을 것이다. 초등학교 3학년 들어가면서부터 책을 서서히 안 읽게 되는 것 같다. 모든 아이가 다 그렇게 되는 것은 아니지만 대부분 동화책에서 그냥 책으로 넘어갈 때 그런 일이 일어난다.

이처럼 책은 어려서부터 커서 성인이 된 후에도 우리를 성장하게 해주고 훌륭한 스승의 역할을 하고 있다. 좋은 멘토를 많이 가지고 있을수록 더욱 지혜로운 선택을 하게 되고 현명한 판단을 하는 사람이 성공하는 사람이 되지 않을까? 독서는 지식을 흡수하기 위해서라기보다는 독서를 통해 얻은 감동이나 깨달음이 아이들의 가치관과 올바른 판단을 하게 해주고 공감 능력을 키워준다.

진경이는 책을 읽을 시간이 충분하지 않았다. 첼로 실기 연습할 시간도 부족한데 언제 책을 읽겠는가? 늦게 시작했으니 빨리 첼로 실력이 늘어야 한다고 생각해서 책을 많이 읽을 시간이 없었다. 진경이는 독일로 유학을 가고 난 후 책을 보내라고 했다. 몇 년이 지나고 모든 것이 안정기에 접어들자 혼자 지내기가 심심했던지 책을 보는 것 같았다. 친구들은 학교 앞 피자집이나 레스토랑에서 술 한잔 하며 저녁 시간을 보냈다. 시간만 나면 여행을 가는 친구도 있었다. 진경이는 드라마를 보거나 책을 읽었다. 그런 점은 나를 많이 닮았다. 나도 돌아다니는 것보다는 책을 보거나 영화를 보고 집에 있는 것을 좋아한다. 요즘 시간이 나서 진경이와 얘기를 나누다 보면 의외로 책을 많이 읽은 것 같다.

『오만과 편견』은 10번도 더 읽었다고 했다. 그래서 매일 '다아시'같은 남자와 결혼할 거라고 했다. 진경이의 '다아시'는 언제 나타날지 궁금하다. 그리고 항상 걱정된다. 요즘 세상에 '다아시'같은 남자가 있기는 할까? 아직도 영화처럼 낭만적인 사랑이 자기를 찾아줄 거라는 믿음을 가지고 있는 진경이가 어리숙해 보일 때가 있지만 지금 아니면 언제 그러나 싶어서 나도 같이 공감해준다. 서울예고 다닐 때는 대표적으로 『호밀밭의 파수꾼』을 여러 번 읽었다. 눈물을 글썽거리며 주인공 홀든이 가엾다고 했다. 또 『내 영혼이 따뜻했던 나날들』, 『그리스 로마신화』, 『해리포터 시리즈 영문판』, 『호빗』 등이다.

아들인 동환이의 책은 대표적으로 『$E=MC^2$』, 『물리학이란 무엇인가』 『호밀밭의 파수꾼』, 『내 영혼이 따뜻했던 나날들』, 『그리스 로마신화』, 『해리포터 시리즈』, 『봉신연의』, 『대망』, 『룬의 아이들』, 『호빗』 등이다. 이렇게 열거하다 보니 '엄마인 나의 영향을 많이 받게 되는구나.' 생각하게 된다. 그 외에도 나의 서재에는 책들이 몇백 권이 꽂혀 있다. 대부분 자기계발서와 1970~1980년대 소설들이다. 200권을 다 뽑아버리고 다시는 글을 쓰지 않겠다고 생각했는데, 다시 글을 쓰고 있다. 우리 아이들도 알게 모르게 나의 영향을 많이 받았다고 생각하니 독서에 대한 나의 안목에 책임감이 느껴지기 시작한다. 아이들의 삶의 분별력과 통찰력은 일정 부분 나의 책임이겠다고 생각하게 된다. 한 가지 분명한 것은 창의력이 있는 아이로 키운 것도 나의 영향이라고 자부하고 있다.

독서로 자녀의 통찰력과 분별력을 키워라. 공부는 저절로 이루어진다.

3

훌륭한 멘토를 만나게 해줘라

'훌륭한 멘토를 만나게 해줘라'라는 말은 일정 부분, 최고의 스승을 만나게 해주라는 의미로 해석될 수 있다. 그러나 약간 다르게 생각한다. 최고의 스승을 만나는 것은 아이의 전공 분야의 최고의 스승을 만나 최고 고수한테 배우라는 의미이다. 훌륭한 멘토라는 것은 전공 분야의 스승이 아니고 정신적인 멘토를 의미하기도 한다. 스승이 아니어도 되고 목사님, 스님, 신부님이어도 좋다.

남자아이들이 사춘기에 엄마 말에 반항하기 시작할 때, 나는 종교 지도자를 만나라고 한다. 아이를 데리고 목사님, 스님, 신부님께 가서 그냥 일상적인 이야기를 나누다가 돌아오라. 그것이 힘들면 담임 선생님이라도. 정기적으로 그렇게 하다 보면 아이도 어느 정도 순화가 되기 마련이다. 모든 것을 부모가 바로 잡으려 하지 말고 조급하게 생각하지 말고 그렇게 해보기를 권유한다.

내가 아는 지인 중에 정말 첼로를 잘하는 진경이 친구가 있었다. 사춘기를 지나 아들이 성숙해지니 친구의 말이 통하지가 않았다. 신부님을 만나 뵙고 얘기를 나누다가 오면 아들과 사이도 조금 부드러워진다고 한다. 나도 명상을 가르쳤다. 그렇게 하니 사춘기도 순조롭게 지나가고 자기들이 원하는 목표에 집중할 수 있었다.

진경이는 무엇보다 조영창 교수님을 만난 것이 일생일대의 터닝포인트가 되었다. 한번은 조영창 교수님이 한국에 오셨는데 음악회가 끝나고 집으로 초대하였다. 같이 오시고 싶은 분들과 같이 오시라고 했다. 20년 전이니 김영란법이 없었을 때이다.

나는 그때는 음식을 잘했다. 종갓집 며느리답게 교자상으로 두상을 차렸다. 선생님은 늦게 오셔서 식사를 많이 하시지는 못했다. 그러나 선생님과 심리적으로 가까워지는 계기가 되었다. 그때 남편이 갑자기 진경이 방문에 조영창 교수님께 사인을 해달라고 했다. 남편은 이사를 가도 떼어 가겠다고 억지를 부렸다. 조영창 교수님은 흔쾌히 사인을 해주셨다.

“음악과 인생은 영원한 것, 늘 앞을 보며 긍정적인 마음으로”

그 자리에서 즉흥적으로 힘찬 필체로 써주신 문짝은 아직도 그대로 있다. 무엇이든 동기부여가 중요하다. 진경이나 우리 부부는 그때 얼마나 간절했는지 모른다. 간절해야 이루어진다고 했다. 절실하고도 간절한 그 마음이 진경이를 만들지 않았나 싶다. 진경이의 첼로 여정이 우리 부부를 클래식에 입문하게 했다. 우리 가족이 모두 클래식을 깊이 알게 하는 계기가 되었다. 조영창 교수님은 우리 가족 4명의 멘토이다. 조영창 교수님은 만나면 한 번도 동환이의 안부를 물어보시지 않을 때가 없다. 늘 “동환이는 잘 있지요?” 동환이를 대견스러워하며 지니어스라고 칭찬하신다. 동환이와 프랑스의 꾸쉬빌의 뮤직알프 캠프에서 알프스 산을 등산했다. 그때 동환이는 13살이었다. 조영창 교수님과 동환이는 그때 많은 대화를 나누었다. 동환이도 조영창 선생님을 아주 좋아하는 계기가 되었다.

조영창 교수님은 늘 헤어질 때는 “금방 뵈어요.” 하신다. 독일로 가실 때마다 그렇게 말씀하신다. 나는 그 말속에 깊은 뜻이 있음을 안다. 누군가 가까운 사람을 잃은 사람은 바로 앞의 미래를 확신할 수 없는 것이다. 그러니 항상 헤어질 때는 “금방 뵈어요.” 하시고 2~3개월 후 독일에서 오신다. 우리 가족은 늘 선생님을 기다리는 심정이다. 늘 유쾌하시고 주변 사람을 행복하게 해주신다. 으하하하! 통쾌하게 웃으시며 10번도 더 들은 엽기적인 농담을 늘 새로 처음 하시는 것처럼 얘기하신다. 지인들은 선생님이 없어도 옆에 계신 것처럼 선생님 얘기를 많이 한다. 존재감이다.

나는 동환이에게 중학교 때 성균관 대학교에 다니는 형을 멘토로 만나게 해준 일이 있다. 과외 선생님처럼 일주일에 한 번씩 오시게 하고 과외비를 드렸다. 그러나 숙제를 내주거나 공부를 하는 것이 아니었다. 지금 돌아가고 있는 사회 전반적인 현상과, 근현대사 등등을 자유롭게 토론하고 이야기하도록 했다. 내가 구체적으로 제시한 내용은 없다. 다만 그 형이 사회학과였기 때문에 사회 전반적인 것들에 대해 동환이가 시야가 넓어졌으면 해서였다. 신문도 안 읽을 때라서 그렇게 했는데 지금도 연락하고 지내는 것 같았다.

지금 그 형은 결혼도 하고 삼성맨이 되었다. 내가 생각했던 대로 똑똑한 형이었다. 그 후에는 김성현 선생님을 만났는데 대치동의 수학학원 부원장님이셨다. 서울대 수학과를 나오셔서 해박한 지식이 있으나 카리스마가 있는 것은 아니었다. 수학책도 쓰시고 참 착하고 성실하신 분이었다. 동환이하고 잘 통해서 성적과 상관없이 여러 가지 학교 친구 문제까지 상담해주셨다. 그 선생님도 숙제도 안 내주시고 느긋하게 수업을 진행하셨다. 성적 향상만 원한다면 그 선생님과 할 수가 없었다. 동환이가 자기가 원하는 대로 틀린 문제를 선생님께 드리고 유사한 문제를 5문제씩 뽑아 달라고 하면 선생님이 뽑아다 주시는 식이었다.

진경이는 송희송 교수님께 중학교 2학년 때부터 고등학교 3학년까지 배웠다. 지금은 송희송 교수님이 스승이 아니라 이모뻘쯤 되는 것처럼 친근하게 지낸다. 옆에 송희송 교수님이 계셔서 얼마나 다행인지 모른다. 독일 유학에서 돌아와서 어떻게 사회생활을 해야 할지 모르는데 하나하나 차근차근 가르쳐주셔서 자리도 잡았다. 중학교 때는 선생님이 무서워서 말도 하지 못했다. 세월이 흐르다 보니 지금은 속에 있는 말을 다른 사람한테는 못 해도 선생님께는 하는 모양이다. 다행이다, 선생님이 계셔서. 이처럼 이끌어주시는 분들이 계셔서 지금의 자리에 있게 되었다. 그리고 최정은 선생님이다. 진경이가 학사 1학년 입학을 했을 때 그녀는 조영창 선생님 클래스에 박사과정 졸업을 앞두고 있었다.

최정은 선생님이 없었으면 독일 유학 생활에 그렇게 금방 익숙해지지 않았을 것이다. 첼로도 가르쳐주고 이것저것 조언도 해주고 잘 지도해주셨다. 지금도 연세대학교에서 같이 근무를 하니 자주 만난다. 진경이는 마치 친언니처럼 의지하고 지낸다. 좋은 멘토가 가까이에서 진경이를 잘 이끌어주고 돌봐주었기 때문에 오늘의 첼리스트 원진경이가 있게 되었다고 생각한다. 정말 반듯하고 성실하게 잘 챙겨주셨다.

누군가의 도움 없이 혼자서 삶을 지탱하고 앞으로 나아가기에는 우리는 몇 배의 힘이 든다. 특히 외국에서는. 옆에 누군가 밀어주고 끌어주는 멘토가 있기에 목적지에 훨씬 수월하게 당도할 수 있다. 나는 혼자서 모든 것을 헤쳐나가야 했다. 내가 동생들에게 멘토가 되어줄 수 있었지만, 나에게는 멘토가 될 만한 사람이 없었다. 그래서 나의 아이들에게는 귀감이 될 만한 멘토를 만들어주고 싶었다. 나는 그것을 잘했다고 생각한다. 멘토를 둔다는 것은 큰 행운이 아닐 수 없다.

꾸준한 양육 공식의 원칙에 따라 양육되는 자녀들 역시 목표를 성취하기 위해 어른들과 협상하는 요령을 배운다. 부모들이 멘토의 역할을 하는 것이 대부분이다. 그런 부모들을 마스터 부모라고 부른다. 마스터 부모가 유익한 일과를 차근차근 가르치며 습관으로 자리 잡게 한다. 그 후 이러한 습관이 아이의 길잡이 역할을 해준다. 하지만 마스터 부모들이 아이에게 부여해주는 자유는 지속적인 관찰과 관심 안에서 이루어지는 것이다.

미국이나 유럽에서도 자연스럽게 자기가 혼자서 열심히 하여 하버드에 가는 경우는 별로 없다는 것이다. 대부분 부모의 간접적 혹은 직접적인 관여와 간섭으로 이루어진다고 보아야 한다. 경제적으로 어려운 여건 이라도 아이를 깊이 관찰하고 멘토링을 해주며 잘 이끌어준 부모나 윗사람들이 있었다. 혼자서 훌륭하게 하버드에 들어간다는 것은 현실적으로 어려운 일이다. 우리나라의 서울대에 입학하는 것만큼 힘들다는 것이다. 지혜로운 부모는 자녀들에게 훌륭한 멘토를 만나게 해준다. 멘토는 자녀 인생에 지렛대 역할을 하기 때문이다.

흔들리지 않을 목표의식을 심어줘라

진경이는 6학년 때부터 콩쿠르를 준비시켰다. 다른 친구들에 비해 늦었다. 다른 친구들은 초등학교 1, 2학년 때부터 콩쿠르를 나간다. 어떻게 해야 하는지 아무런 요령도 몰랐다. 그냥 무턱대고 나가고 보았다. 그러다가 예원학교에 가고 나서야 알게 되었다. 엄마들이 수첩에 모든 콩쿠르 일정들을 적어서 가지고 다니며 매달 있는 콩쿠르를 알아서 준비하고 있다는 사실을. 나는 선생님이 "콩쿠르 나가보세요." 하면 나가는 식이었다.

3년 후, 나는 선생님이 말씀하시기 전에 내가 1년 동안의 계획을 세우고 콩쿠르 준비도 하였다. 선생님이 오히려 너무 앞서 나가지 말라고 하실 정도였다. 진경이는 순종적이고 시키는 대로 열심히 하는 아이였다. 콩쿠르를 준비하는 동안에 목표가 바로 앞에 놓여 있으니 연습을 열심히 하게 되었다. 콩쿠르를 나가려면 레슨도 많이 받아야 하니 당연히 실력이 향상되었다.

동환이는 진경이와 똑같은 방식을 택했다. 진경이를 키우면서 아이들은 목표가 바로 앞에 놓여 있어야 한다는 걸 알게 되었다. 각 대학의 경시대회가 매달 있었다. 그것을 신청하여 나갔다. 동환이는 불평할 줄 알았는데 한마디도 하지 않고 나갔다. 누나가 하는 것을 보고 그냥 따라 했다. 공부도 별로 하지 않고 필통만 들고 시험을 보러 다녔다. 일요일에 집에 있어도 별로 할 일도 없었다. 남편과 나는 동환이가 시험을 보는 동안, 대학 캠퍼스에서 커피를 마시며 옛날 얘기를 하면서 잔디밭에서 데이트를 했다.

나중에 안 사실이지만 동환이가 수능시험 볼 때 도움이 된 것 같았다. 바로 앞에 목표를 던져 주고 그것을 하게 만들었다. 너무 멀리 있는 목표는 아득하여 긴장감이 없었다. 계속 앞으로 나아가게 만드는 데는 바로 앞에 작은 목표물을 놓아주는 것이 좋았다. 진경이도 제자들에게 그렇게 한다. 겨울 방학에는 봄에 열리는 콩쿠르 준비를 시킨다. 겨울 방학 내내 연습실에서 열심히 연습하여 콩쿠르에 나가게 하는 것이다. 그리고 여름

방학에도 열심히 연습하여 방학이 끝나갈 때쯤 콩쿠르에 나가게 하는 식이다. 멀리 있는 대학 입시는 몇 년 후이니 아이들이 긴장감을 가지고 연습하지 않는다. 그러니 바로 앞에 목표물을 놓아주어야 한다.

어른이 되어 어떤 직업을 갖기를 바라느냐의 문제가 아니라 정말로 아이가 무엇을 잘하는지 계속 관찰하여야 한다. 그리고 목표를 갖게 하여야 한다. 좋은 대학에 입학하는 것이 목표가 되어서는 안 된다. 아이들이 초등학교 때부터 작은 목표물을 앞에 놓아주고 그것을 향하여 나아가게 하여야 한다. 대부분의 아이들이 목표의식이 없이 막연하게 공부를 위한 공부를 하고 있다. 나중에 어른이 되어 무슨 일을 하고 싶은지 정하지 못하고 꿈이 없는 아이들도 많다는 걸 알게 되었다.

선명하고 생생한 꿈을 꾸게 하고 그것을 향하여 나아가게 하여야 열심히 하게 된다. "넌 커서 뭐가 되고 싶니?" 이런 막연한 질문 말고, 아이를 잘 관찰하여야 한다. 무엇을 잘하는지, 무엇에 관심이 있는지 연구하여야 한다. 좋아하는 일이 아닌 잘할 수 있는 일을 해야 한다고 생각한다. 좋아하는 일은 취미로 하면 된다. 잘하는 일을 해야 경쟁력이 있다.

내가 어렸을 때, 친정아버지는 군인 출신답게 7명의 자녀를 가끔 일렬로 앉혀놓고 훈육을 하셨다. 무릎을 꿇고 앉아서 아버지가 하시는 말씀이 다 끝날 때까지 꼼지락거리지도 못하고 잔소리를 들어야 했다. 아버지는 딸만 쭈르륵 5명을 낳고 밑에 남동생을 늦게 얻은 것에 대해서 친구들에게 피해의식을 가지고 계셨다. 장성한 아들을 가진 아버지 친구가 부러우셨나 보다. 늘 우리를 앉혀놓고 공부를 잘해야 한다면서 왜 공부를 잘해야 하는지에 대해 장황하게 말씀하셨다. 우리는 그 시간을 정말 싫어했다. 말씀이 다 끝나고 나면 "일어나! 앉아!"를 여러 번 하셨다. 사춘기인 나는 동생들 앞에서 그러는 것이 정말이지 너무 싫었다.

지금도 우리 자매들이 만나면 아버지 얘기로 시간 가는 줄을 모른다. 아버지는 가슴을 젖히고 걸으셨다. 마당에서 사방치기를 하다가 아버지가 약간 얼큰하게 취하셔서 산모퉁이를 휘적휘적 돌아 걸어오시는 것이 보이면, 모두 자기 방으로 숨어들었다. 공부하는 척하고 교과서를 아무거나 꺼내놓고 소리 내어 읽었다. 그러면 어김없이 아버지는 우리를 불러 앉혀놓고 공부는 입으로 하는 것이 아니고, 한 자 한 자 한 문장 한 문장을 머리에 새기면서 하는 거라고 말씀하셨다.

첫째는 둘째의 성적을 책임져야 하고, 둘째는 셋째의 성적을 책임지고, 셋째는 넷째의 성적을 올려줘야 했다. 그것을 어기면 종아리 1~3대를 맞아야 했다. 그 막대기는 자기가 꺾어 와야 했다. 둘째 동생은 늘 썩은 나뭇가지로 맞았다. 쉽게 툭 부러지는 나뭇가지였다. 우리는 모두 맞으면서도 피식 웃었다. 나는 싸리나무 가지로 막대기를 만들어드렸다. 일종의 반항이었다. 윗사람에게 반항해봐야 나만 괴롭다는 걸 그때 알게 되었다. 권력자인 아버지와 나의 자존감 사이에서 번민해야 했다. 그때 들었던 아버지의 잔소리가 평생 나를 지탱해주었다. 아버지의 잔소리가 나의 귓가에 늘 맴돌았다. 그것이 나의 모든 것의 가치 기준이 되었다.

그렇게 해서 7남매가 모두 1명도 삐뚤어지지 않고 모범생으로 잘 자랐다고 생각한다. 그때 그 훈육의 시간들이 우리 7남매에게 목표의식을 심어주었다. 바르게 살아야 한다는 생각을 심어주었다. 물론 아버지는 자신이 더욱 성공했어야 할 인물이라는 피해의식 속에 사셨다. 그것을 우리 7남매에게 투영하셨다. 그런 아버지가 안쓰럽게 느껴지던 순간도 많았다. 나는 아버지의 성격을 물려받았다. 어머니의 끈질김과 인내도 같이 물려받았다. 친정아버지는 몽상가셨다. 대청마루에서 막걸리 한잔하시고 시조를 읊조리던 분이셨다. 나는 그런 아버지가 너무 싫었다. 나도 시를 썼지만 나의 그런 판타지가 싫어서 시를 접었다. 좀 더 현실적인 어머니가 책임감 있게 보였다.

요즘은 친정어머니가 치매 걸리셔서 옛날얘기를 많이 하신다. 어머니의 기억은 50년 전으로 갔다가 다시 70년 전으로 갔다가 하셨다. 우리 7남매가 무릎 꿇고 종아리 맞거나 아버지의 훈육을 듣고 있을 때, 어머니는 가슴이 찢어졌다고 하셨다. '종아리에 맞은 자국이 있으면 어떻게 하나, 내 자식을 내가 귀하게 대해줘야 남들도 귀하게 대하지, 천덕꾸러기처럼 보이면 남들도 우습게 안다'는 것이 어머니의 인생 철학이다. 늘 내가 먼저 귀하게 여겨야 남들도 귀하게 여기고 커서도 귀한 대접을 받는다고 말씀하셨다. 어머니의 그 말씀이 딱 맞는 것 같다. 우리 다섯 자매는 어머니의 바람대로 남편들한테 귀한 대접을 받으며 살고 있다.

아버지의 말씀이 평생 나의 귓가에 맴돌아서 우리 7남매는 아직도 아버지의 가르침대로 살고 있다. 모두 현재 주어진 삶을 긍정적으로 받아들이고 성실하게 살고자 노력한다. 모두 책을 좋아하고 지금의 상황에서 더 나아지는 삶을 살고 있다. 딸들은 모두 가르치는 일에 종사하고 있다. 형제간에도 부정적인 말을 전하지 않는다. '어떻게 모두 이렇게 착하게 컸지?' 생각하다가 아버지 생각을 했다. 우리 7남매에게 아버지는 목표의식을 심어주셨다. 일찍 돌아가셔서 가르치는 일은 친정어머니가 하셨지만 정신적으로 목표의식을 심어주고 반듯하게 살도록 훈육하셨다.

우리에게 주입된 부모의 가치관이나 생각이 평생을 따라다닌다는 것을 알게 되었다. 『성공하는 사람들의 7가지 습관』에는 "부모가 확고한 생각으로 자녀를 믿고 신뢰하면 자연적인 발달 과정을 훨씬 넘어선 발전을 한다."라고 나온다. 귀에 못이 박히게 부모에게 들었던 말이 아이가 크면서 목표를 설정하고 실현해 나가는 데 많은 도움을 주고 영향을 미친다는 것이다.

그래서 어려서부터 밥상머리 교육이 중요하다. 평소에 부모가 하는 말과 행동은 아이가 자라 어른이 되어 무의식 속에 자리 잡는다. 그것이 자녀의 가치 기준이 되어간다. 부모는 자녀에게 올바른 가치관과 목표의식을 심어주어야 한다. 올바른 판단과 올바른 행동으로 본보기가 되어야 한다.

실패를 통해서도 내성을 키우게 하라

진경이는 초등학교 때부터 독일 유학 시절까지 25년을 첼로를 했다. 그 25년 동안 얼마나 많은 실패와 좌절을 했을지 아무도 짐작하지 못할 것이다. 첼로도 친구들보다 늦게 시작한 데다 예원학교 들어갈 때까지 나는 아무것도 몰랐다. 진경이한테 다 맡기고 나는 글을 쓰러 다녔다. 그러다 보니 콩쿠르를 나가면 항상 떨어지곤 하였다. 진경이에게 그것은 큰 상처가 되어 무의식 속에 남아 있었다. 무대에만 올라가면 잘하다가도 삐끗 실수하였다. 너무 속이 상했다. 소리도 잘 내고 음악성도 있었다. 그러나 한 음, 한 박자 실수하면 바로 탈락이었다.

너무 연습도 많이 했고 이젠 되었다고 생각했는데 막상 올라가면 또 실수를 했다. 진경이는 점점 무대 공포증이 생기고, 나는 너무 속상해서 근본적인 원인을 찾아다녔다. 아이는 점점 눈빛이 흐려지면서 모든 면에서 자신감을 잃어가고 있었다. 남편과 나는 연습을 더 집중해서 해야 한다고 생각했다. 그러나 더 이상 아이한테 요구하는 것은 무리였다.

작은 콩쿠르든 큰 콩쿠르든 수없이 떨어지면서도 계속 나가야만 했다. 무대에서 넘어진 사람은 무대에서 일어나야 한다고 생각했기 때문이다. 국내 콩쿠르에서는 이화경향 콩쿠르, 음악춘추 콩쿠르, 바로크 콩쿠르, 세계일보 콩쿠르, 스트라드 콩쿠르, 한전콩쿠르, 경인일보 콩쿠르, 카대 콩쿠르 등 많은 콩쿠르에서 입상하였다.

유학을 간 이후로 몇 년 동안 콩쿠르를 나가지 않고 계속 독어와 교과 공부에 올인했다. 첼로는 학교에서 연주를 많이 했다. 한 곡을 배우면 꼭 무대에 올려서 연주를 하고 끝냈다. 그리고 다음으로 넘어가곤 했다. 진경이는 누가 시키지 않아도 자기가 그렇게 하겠다고 정했다. 나중에는 진경이 외국 친구들이 "너 또 연주해?"라고 할 정도였다.

독일로 유학 가고 22살 되던 어느 날, 폴란드 루토슬라브스키 콩쿠르에 나갔다. 혼자서 비행기 예약하고 아파트를 얻었다. 보름 정도 생각하고 떠난 일정이었다. 얼마나 추웠는지 영하 20도가 넘는 날씨였다. 진경이가 저녁에 첼로 연습을 하자 위층 주인이 내려와 시끄럽다고 화를 냈다. 진경이가 “나는 너희 나라에 콩쿠르를 하러 한국에서 왔다. 그런데 네가 연습을 못 하게 하면 나는 콩쿠르에 나갈 수가 없다. 나 지금 한국으로 돌아갈까?” 했더니 그럼 저녁 8시까지 연습하라고 했단다. 어린 나이인데도 당당하게 자기주장을 하고 원하는 걸 얻어내는 진경이가 자랑스러웠다. 콩쿠르는 떨어졌지만 얻은 것이 많은 콩쿠르였다. 폴란드에서 사다 준 호박 브로치를 나는 아직도 소중히 간직하고 있다.

다음에 나갔던 콩쿠르인 세르비아의 바르샤바 콩쿠르였다. 세르비아에서는 첼로와 짐이 너무 많아서 허둥지둥 버스에 올라타는 순간, 지갑을 소매치기 당하기도 했다. 정말 1유로도 남아 있지 않았다. 경찰서에 신고해도 찾을 수는 없었다. 그 속에 든 카드, 돈, 신분증, 특히 핑크색 예쁜 지갑이 없어져서 제일 속상하다고 했다. 복잡한 수속 밟으며 여기저기 연락하느라 콩쿠르는 신경 쓰지도 못했다고 한다.

독일의 유명한 콩쿠르인 마크노이에킬헨 콩쿠르가 있다. 그곳은 마을 전체가 악기 공방들이었다. 악기를 만들거나 고치는 곳이 많았다. 이탈리아의 악기를 만드는 곳으로 유명한 크레모나 같은 고장이었다. 스태프로 봉사하는 분들이 거의 악기를 만들거나 딜러로 일하는 분들이 많은 곳이었다. 산속에 있는 호텔에서 진경이와 나는 일주일을 기다렸다. 100

명이 넘게 나왔는데 진경이 차례가 99번이었다. 참 많은 것을 느끼게 해 준 콩쿠르였다. 진경이와 내가 갔던 콩쿠르 중에 제일 기억에 남는 콩쿠르가 퀸엘리자베스 콩쿠르였다. 벨기에의 아름다운 호수가 있는 시내에 음악 홀이 있었다. 여왕인 마틸다와 왕이 항상 참관하였다. 벨기에 사람들은 큰 축제로 이 행사를 한다.

진경이는 그 후 쾰른 음대 박사과정(Konzert Examen)에 만장일치 만점으로 합격하여 최우수 성적으로 입학하였다. 이것은 전체 악기(피아노, 바이올린, 첼로, 비올라, 베이스, 호른 등 관악기) 중에서 1명 또는 2명 정도 입학할 수 있는 시험으로서 10명의 심사위원이 심사를 한다. 공정성을 위하여 타 대학의 교수들이 초빙되었다. 1.0이 만점이므로 10명 전원이 1.0 만점을 주었다.

수십 차례 콩쿠르에서 떨어진 진경이로서는 바닥에 떨어진 자존감을 끌어올리는 데에 성공하였다. 국제콩쿠르로는, 스페인의 Loanes International Competition에서 1위 없는 2위, 상금 1,400유로, La Cellissima Cello 콩쿠르에서 1위, 상금 5,000유로, Hfmt chamber music 콩쿠르에서 1위 상금 1,500유로, 쾰른 콩쿠르 1위를 했다. 끝까지 떨어졌지만 도전하였고 마침내 여러 콩쿠르에서 입상하는 쾌거를 이루었다.

『미친 꿈에 도전하라』(드림자기계발연구소 소장 권동희)에는 마이클 조던의 일화가 나온다. 마이클 조던의 말을 인용하겠다. "난 농구생활을 통틀어 9,000개 이상의 슛을 실패했고, 3,000번의 경기에서 패배했다. 그 가운데 26번은 다 이긴 게임에서 마지막 슛을 실패해서 졌다. 나는 살아가면서 수많은 실패를 거듭했다. 바로 그것이 내가 성공할 수 있었던 이유이다."

『미친 꿈에 도전하라』의 내용 중 마이클 조던의 성공 비결을 그대로 옮겨 본다.

1. 그는 성공에는 지름길이 없다는 것을 잘 알고 있었다. 그래서 자신의 꿈을 향해 꾸준한 노력을 기울이며 할 걸음씩 나아갔다. 꿈과 목표를 달성하는 데 이보다 뛰어난 방법은 없다.

2. 그는 무명 시절부터 기초를 다졌다. 기초를 소홀히 하면 더 큰 성공을 이룰 수 없기 때문이다.

3. 행동이 뒷받침되지 않는 말은 그 어떤 가치도 없다. 그는 항상 언행일치가 되는 자세를 견지했다.

4. 항상 보폭을 작게 했다. 그는 한 걸음 한 걸음이 퍼즐 조각이라고 생각했다. 순간순간들이 모여 멋진 그림이 만들어진다는 것을 알고 있었다. 그래서 그는 그 그림을 완성하기 위해 늘 최선을 다했다.

5. 그는 계속 실패하고 또 실패했다. 실패 속에서도 꾸준한 노력을 기울였다. 그것이 그가 성공한 이유이다.

나는 진경이에게 실패하고 실패해도 일어서서 도전해야 한다는 걸 가르치고 싶었다. 그래서 일단 콩쿠르를 접수하고 나면 준비가 덜 되었다고 포기하는 일은 없었다. 단 한 번도. 나는 완벽한 때란 없다고 단호하게 말했다. 진경이는 떨어질 걸 알면서도 나가고 또 나갔다. 그것도 용기이고 강한 도전정신이다. 동환이도 수없이 떨어졌다. 민사고도 떨어지고, 부산 영재고도 떨어졌다. 한성과고도 떨어졌다. 준비가 덜 되어 있으면 떨어진다는 것을 중학교 때 알게 되었다. 동환이는 진경이처럼 많이 떨어져본 적이 없기에 작은 실패에도 금방 풀이 죽었다. 그렇지만 곧 다시 일어나 계속 도전하라고 했다. 계속 꾸준히 가다 보면 네가 원하는 목적지가 나온다고 말했다. 지금도 동환이는 물리 실험에서 수백 번 실패해도 계속 도전하고 있다. 꼭 성공할 거라고 믿어 의심치 않는다. 지금 많이 긍정적인 지점에 와 있다고 했다. 9월이면 스위스 썬(CERN) 연구소로 갈 것 같다고 한다. 그곳은 세계 최고의 입자물리연구소이다.

진경이도 끝까지 떨어졌지만, 끝까지 도전하였고, 마침내 여러 국제 콩쿠르에서 입상하는 행운을 얻게 되었다.

주체적인 수행력을 키워주어라

『유대인 엄마는 회복 탄력성부터 키운다』의 저자 사라 이마스는 책에 이렇게 쓰고 있다.

"진정한 승부는 커브길에서 결정된다."

진정한 승부는 출발선이 아니라 커브길에서 결정된다고 나는 확신한다. 출발선은 모두 공평하게 주어지기 때문에 승패와 무관하지만, 커브길에는 기회가 숨어 있다. 이 커브길에서 어떻게 하느냐가 승패를 가르는 결정적인 요인이 된다. 커브길에서는 평지에서보다 시험과 변수가 많고 앞차를 추월할 기회가 생긴다. 진정한 운전 실력이 드러나는 것은 바로 커브길이다. 그 커브길에 있는 장애물을 부모가 모두 치워줄 수는 없다. 그렇기 때문에 아이 스스로 어려움이나 장애물이 나타났을 때 스스로 맞서 대응할 수 있는 대범함과 용기가 있어야 한다.

나도 첫아이인 진경이에게는 친절이 지나쳐 아이가 원하기 전에 먼저 해주는 타입이었다. 그러나 음악은 내가 모르기 때문에 해줄 수가 없었다. 첼로는 높은음자리로 악보를 보는 것이 아니고 가온음자리여서 처음에 악보도 볼 줄 몰랐다. 그러니 마음은 조급한데 해줄 수는 없고 얼마나 안타까워겠는가! 그러나 지나고 보니 그것이 차라리 잘된 일이었다. 음악을 전공한 엄마들의 아이는 초등학교 때부터 중학교 때까지는 앞서 나간다. 음정과 박자만 들어주어도 아이는 빠르게 성장한다. 그러나 고등학교 가고 어느 정도 아이들이 경지에 오르면 그 힘으로 가는 것이 아니다. 생각의 힘이다. 생각할 수 있는 능력이다.

동환이는 내가 해주고 싶어도 본인이 거부했다. 초등학교 때 전교 어린이회장 선거에 나갔던 적이 있었다. 나가는 날 아침 보니 내가 써준 회장 후보 연설 원고가 아니었다. 엄마가 써준 원고는 실천하지도 못할 공약을 썼다고 안 하겠다고 했다. 자기 것으로 하겠다고 해서 내버려두었다. 독후감 같은 것도 자기 맘대로 쓰도록 고쳐주지 않았다. 그랬더니 더디게 쓰고 느렸지만, 대학 가더니 정말 기가 막히게 쓰게 되었다. 부모는 기다려주어야 한다.

용기는 사람을 적극적이고 진취적으로 만드는 원동력이다. 내가 처음에 외국으로 진경이를 데리고 갔을 때는, 17년 전이었다. 안전한 것만 추구했다면 아마 떠나지 못했을 것이다. 진경이가 대학을 갔다면 서울대를 갔을 것이다. 물론 변수가 있을 수도 있지만, 90% 갈 수 있는 확률이었다. 그런데도 내가 과감히 떠날 수 있었던 것은 진경이가 원했기 때문이었다. 너무나 절실히 원했기 때문에 과감하게 결정할 수 있었다.

"아유, 엄마 덕분이지. 진경이 엄마 대단해."

연주가 끝나면, 이렇게 말하는 분들이 많다. 그러나 절대로 그렇지 않다. 진경이는 다른 애들에 비해 10배 더 노력했다. 늦게 출발했기 때문에 더욱 그랬다. 그리고 독일의 춥고 을씨년스러운 날씨에도 우울해하지 않고 밝고 진취적으로 자신을 절벽 끝으로 몰아갔다.

진경이는 자기 자신을 절벽 끝으로 몰아가야 움직이게 되고 노력한다고 했다. 그러니 콩쿠르에서 떨어져 자존심 다칠까 봐 안 나가는 친구들보다는, 진경이가 더 많은 곡을 연주하고 많은 곡을 배웠다. "아이고, 쟤는 일찍 유학 가더니 별로 늘지도 않았어." 제일 무서운 말이었을 것이다. 진경이는 그래도 상관하지 않고 도전했다. 그 정도의 내성은 있었다.

주체적인 수행력이 없는 아이는 부모 의존도가 높은 것이다. 엄마가 시키는 대로 하는 아이라고 해서 주체적인 수행력이 없는 아이는 아니다. 착한 본성 안에 자기만의 고집이 숨어 있는 아이가 있다. 자기주장이 분명히 있는 아이로 키워야 한다. 어른에게도 자기의 주장을 당당히 표현할 수 있는 아이가 주체적인 수행력이 있는 아이이다.

동환이 친구 중에 학원도 안 다니고 혼자서 늘 열심히 공부하던 친구가 있다. 승혁이라는 아이였다. 학급회장도 하고 항상 성실하고 모범생이었다. 어머니는 대학교수이고 아버님은 변리사라고 알고 있다. 승혁이는 친구들이 다 학원을 다녀도 혼자 독학하는 스타일이었다. 승혁 어머니는 조금도 불안해하지 않고 그냥 놔둔다고 했다. 항상 혼자서 계획을 세우고 혼자서 해내는 힘이 있는 아이였다. 서울대 자유전공학부를 갔다. 지금도 성실하다. 변리사 시험도 합격하고 그것으로 안 된다고 변호사 공부도 했다. 변호사 시험도 합격했을 것이다. 아직 확인하지는 못했다. 승혁 엄마가 교환교수로 미국에 계셔서 소식을 듣지 못했다. 참 기특하다. 계획을 세우면 바로 실행에 옮기는 추진력이 있다. 망설임이 없다.

동환이는 어떤 일을 할 때 망설이는 경우가 잦다. 그것도 일종의 게으름의 변형된 상태라고 한다. 그런데 그 게으름은 부모 탓이라고 한다. 부모가 게으르면 자녀도 게으르고 부모가 너무 간섭해서 키우면 일종의 반항 심리로 아이는 게으르며 무기력해진다는 것이다. 그 얘기를 듣는데 소름이 끼쳤다. 혹시 내가 너무 간섭해서 아이가 무기력해진 것은 아닐까 하는 생각이 들었다.

그런데 2개월 전부터 동환이가 달라지기 시작했다. 남편과 나는 처음에는 속상했지만 몇 년이 지나자 자기가 할 일은 하면서 늦게 자고 늦게 일어나니 딱히 할 말이 없었다. 대학 들어가면서 단돈 만 원도 용돈과 학비를 가져가지 않았다. 그러니 더욱 잔소리할 명분이 없었다. 매일 오후에 일어나고 아침에 자는 습관을 바꾸었으면 하고 몇 번 잔소리했다. 그런 동환이가 스스로 달라지기 시작했다. 아직도 힘들어하기는 한다. 아침에 일어나는 것을. 나는 동환이에게 말했다.

"습관을 바꾸는 것은 혁명을 일으키는 것과 같다. 너의 혁명은 잘되어가고 있니?"

"아니요. 아직은 힘들어요."

그렇게 말해주는 동환이가 긴 잠에서 깨어난 것만 같다. 스스로 느끼고 움직이는 데 10년 가까이 걸렸다. 항상 두꺼운 암막 커튼을 치고 대낮까지 자고 일어나도 두꺼운 암막 커튼을 열어 제치지 않았다. 어느 날, 내가 이렇게 말했다.

"동환아! 행운의 여신이 항상 창문 밖에 서 있단다. 행운을 주려고. 너는 좀처럼 행운을 받으려 하지 않는구나."

동환이는 들은 체도 하지 않았다. '내가 초딩인 줄 아나.' 했을 것이다. 그러나 나는 안다. 우리 아들은 착해서 내가 그렇게 말하면 아주 조금은 그렇게 생각한다는 것을.

스티븐 코비의 『성공하는 사람들의 7가지 법칙』에는 '자신의 삶을 주도하라'는 내용이 첫 번째로 나온다. 가치보다 충동을 하위에 두는 지혜는 주도적인 사람의 본질이다. 반사회적인 사람은 기분, 분위기, 조건, 주변 여건에 따라 행동한다. 주도적인 사람은 심사숙고하여 선택하고 내면화된 가치 기준에 따라 행동한다. 주도적인 사람 역시 외부 자극, 즉 물리적, 사회적, 심리적 자극에 영향을 받는다. 그러나 주도적인 사람은 의식적이든 무의식적이든 가치관에 입각한 선택이나 반응을 한다.

우리 부모들은 아이에게 내면화된 가치 기준의 잣대가 되는 인물이다. 아이가 자라면서 내면화된 부모가 했던 행동들과 말과 습관이 아이의 가치 기준의 잣대가 되는 것이다. 우리는 심사숙고하여 자신의 행동과 자신의 성품을 형성하는 내면적인 힘을 가져야 한다. 아이들이 우리를 관찰하고 있기 때문이다. 아이들의 세포 속에 각인되어 아이들의 가치 기준의 잣대가 되는 것이기 때문이다. 그러므로 사랑, 관심, 감사, 성실함과 공헌, 봉사의 삶을 살아야 한다.

어찌 보면 교과서적인 말일지 모르나, 부모들도 아이들과 협의하여 행동지침 혹은 스티븐 코비처럼 '가족 사명서'를 만들어보는 것이 좋을 것 같다. 정부나 가정에서 일을 효율적으로 하려면 매뉴얼이 있는 것이 훨씬 효과적이다.

7

암기보다
이해하게 하라

〈수능 상위 1%의 공부법〉이라는 대치동의 유명한 입시학원 정보학원의 자료를 인터넷에서 검색하여 보았다. 암기 방법을 정리하여 놓은 것을 읽어보니 다른 책들과 비슷한 방법이었다.

"다양한 읽기 방식 적용하기, 때로는 여러 번 읽는 것만으로도 암기가 가능하다. 다만, 반복해서 읽을 때에는 시간 간격을 두어야 한다. 암기를 촉진하는 반복은 기계적 반복이 아닌 숙성의 반복이다. 시간차를 두면서 1회차는 정독을 한다. 2회차는 속독을 한다. 3회차는 중요 지점을 요약하여 읽는다. 4회차는 정독한다. 그러면서 읽는 방식을 다양하게 하는 것이 좋다. 시간이 많이 걸리기 때문에 비교적 여유가 있을 때 하는 것이 좋다. 중간중간 놓치게 되는 디테일은 문제집 풀 때 보충하면 된다.”

나의 경우에는 책이나 노트를 가슴에 안고 뜻을 생각하며 소리 내어 읽으면서 천천히 서성거리며 읽으면 훨씬 잘 외워진다. 책상에 앉아서 외우는 것보다 천천히 걸으면서 가슴에 책을 안고 소리 내어 읽었다. 그러면 더 잘 외워졌다. 대학교 다닐 때는 교정의 연못에 분수가 뿜어져 나오고 새들이 지저귀는 나무 그늘 밑에서 미친 듯이 읽었다. 그리고 강의실로 뛰어 들어가서 미친 듯이 썼다. 잊어버릴까 봐. 하하.

가장 쉬운 예로 영어 단어 암기가 있다. 나는 영어 단어 암기는 하루 20리 신작로를 걸어다니며 외웠다. 매일 외울 영어 단어를 수첩에 적기만 하면 되었다. 그걸 들고 다니며 외웠다. 암기보다 쉬운 것은 없는 것 같았다. 나중에는 어떤 과목이라고 구분하지 않고 뒤죽박죽으로 수첩에 적었다. 그리고 계속 들고 다니며 읽었다. 7번 정도 읽으면 외워지는 것 같았다. 그래서 『7번 읽기 공부 실천법』(야마구찌 마유)라는 책이 나왔나 보다.

1번째, 가볍게 훑어보고 전체 느낌 파악하는 정도로 읽는다.
2번째, 훑어보되 일부는 변화를 주어서 마음속으로 소리내어 읽는다.
3번째, 좀 더 주의깊게, 전체를 파악하는 느낌으로 읽으며 통독한다.

4번째, 한 단어의 의미보다 문장의 의미를 파악하며 읽는다.

5번째, 대화하듯 읽는다. 취미로 읽는 수준이라면 이 정도로 충분하다.

6번째, 페이지마다 내용을 확인하고 단어와 단어를 연결해가며 읽는다.

7번째, 2~3줄씩 요약해가며 읽는다. 그리고 요약이 바르게 되었는지 확인한다.

7번을 한 번에 몰아서 읽으면 효과가 덜하다. 교재를 한 번 읽은 다음, 다른 교재를 읽어라. 2일 정도 간격을 두면 좋다고 한다. 읽을 때는 읽기만 할 뿐 밑줄을 긋거나 단어를 가리지 말라고 한다. 입력하는 데 '집중'이 최우선이기 때문이다.

『7번 읽기 공부 실천법』의 저자인 야마구찌 마유는 홋카이도 삿포로 태생이고 2002년 도쿄대 법학부에 입학하여 사법시험에 3학년 때 합격하였고 4학년 때 국가공무원 제1종 시험에 합격하였다. 도쿄대를 수석졸업하였다. 그 후 하버드대 로스쿨 과정을 마치고 뉴욕주에서 변호사로 활동 중이다. 미모의 여성 변호사라는 점만 빼면 우리나라의 고승덕 변호사를 연상시킨다.

나는 이런 책을 읽은 적이 한 번도 없는 시골 소녀였지만 나만의 공부법으로 공부를 했다. 한 권의 책을 7번씩 읽지는 못했지만 시험 볼 때 늘 읽고 또 읽었다. 여러 번 읽고 시험을 봤다. 항상 노트 한 권을 다 외우는 내 동생보다 늘 성적이 좋았다. 동생보다 적게 공부하고 성적은 늘 1등이었다. 그것은 공부법의 차이였다. 나는 노트나 교과서를 읽는다. 처음에는 술술 읽는다. 그리고 노트를 읽고 다시 교과서의 그림과 도표까지 꼼꼼히 읽는다. 외우지 않고 읽는 것은 공부에 대한 부담감을 줄이고 긴장을 하지 않게 된다. 달달 외웠는데 긴장을 해서 생각이 나지 않는 경우를 여러 번 경험했기 때문이다.

공부는 하기 싫다는 생각이 전제되어 있으면 효과가 없다. 그냥 교과서를 술술 읽게 한다. 뜻을 몰라도 되고 기억하지 못해도 상관없다. 그런 다음 다시 목차 차례까지 그림과 도표까지 읽게 한다. 그리고 노트나 참고서를 읽게 한다. 이렇게 4번 정도 시켰다.

동환이에게 나만의 공부법을 전수했다. 신기하게 나도 모르게 '7번 읽기 공부 실천법'을 실천하도록 동환이에게 가르쳐주었다. 동환이도 문제를 많이 풀기보다는 교과서를 여러 번 읽고 시험을 봤다. 노력에 비해 성적이 늘 좋았다. 머리가 좋아서 성적이 잘 나오는 것이 아니다. 그것은 공부법의 차이이다.

8

엄마는 끝까지 믿어주어야 한다

20년 전 어느 날, 여동생한테 전화가 왔다. "언니, 나 할 말이 있어." 가슴이 쿵 내려앉았다. 나는 여동생이 4명이다. 결혼하고 부부 사이에 작은 다툼이 있어도 나를 찾았다. 부부싸움을 했다는 생각이 들었다. 둘째 동생은 너무 모범생이고 교과서처럼 인생을 살아왔다. 어느 날 학교에서 돌아온 아들이 자기 책상 서랍 안에 누가 변을 넣어놨다고 했다. 냄새가 진동을 하니 친구들이 피했고 나중에 보니 봉지에 변이 싸여 있었다고 했다. 선생님께 자기가 아니라고 해도 믿어주시지 않는다고 했다. 둘째 동생은 겁이 많았다. 겁이 많은 동생이 아들의 담임 선생님을 찾아갔더니 모든 것을 조카 탓으로 돌렸다. 속이 상한 동생은 어떻게 해결할 수가 없다고 울면서 전화를 했다.

나는 이 경우 무조건 조카를 믿어줘야 한다고 생각했다. 평소에 조카는 밝고 명랑했다. 그리고 공부도 잘했다. 장난기가 많지만 겁이 많은 아이이기 때문에 절대로 자기 책상 안에 변을 넣어둘 미련퉁이는 아니라고 판단했다. 그리고 그렇다 치더라도 일단 아들을 믿어줘야 하는 것이 엄마의 의무라고 했다.

"네 아들은 거대한 권력과 조직에 맞서 싸우고 있는 상황이야. 그런 아이에게 자기편이 한 명도 없다고 생각해 봐. 무슨 일이 있어도 항상 내편인 엄마가 뒤에 서 있다고 믿어야 네 아들도 자신감이 생기지."

그때는 CCTV도 없었고 담임 선생님도 어려운 존재였다. 그 당시에는 억울해도 당당하게 말할 수 있는 엄마가 몇 안 되었다. 나는 동생에게 남편에게 말하고 같이 가라고 했다. 그건 적극적으로 해명을 해야지, 훗날에도 아이들의 기억에 남을 일이었다. 나중에 억울한 일이 밝혀지긴 했지만 아이와 엄마에게 큰 상처가 되었다.

아들만 둘인 동생은 아들 둘을 모범생으로 키웠다. 지금은 모두 대기업 연구실 IT 관련 부서에서 능력 있게 일하는 훌륭한 젊은이다. 자랑스럽고 고마운 일이다. 진경이도 한 번 비슷한 사건이 있었다. 새 학기가 되어서 친구들이 모두 장난기가 발동했다. 세계사 시험이 있는 날이었다. 책상에 중국 지도를 작게 그려놓기로 진경이와 같은 반 친구들이 합의하였다. 몇십 명이 책상에 지도를 살짝 그려놓았다. 그런데 사건이 발생하였다. 학년 주임 선생님은 새 학기가 되어 한 명을 본보기로 잡아 학생들의 기강을 바로 잡아야 되겠다고 생각했는데 진경이었던 것이다. 진경이는 내게 전화를 하여 큰 소리로 울었다.

"엄마! 엉엉! 내가 잘못했어요! 애들이 장난으로 하자고 해서 같이 했는데, 으흐흑, 선생님이 빵점 처리하신대!"

누구에게나 어려운 상황이 찾아온다. 그러나 그 고통에 대응하는 자세는 다르다. 한 번도 교칙 같은 것은 어긴 적도 없고, 항상 모범생이었던 진경이가 이게 웬일인가! 가슴이 철렁 내려앉았다. 가슴이 막 떨렸지만 나는 침착하게 말했다.

"진경아, 울지 말고 엄마 말 잘 들어. 괜찮아! 학교 다니면서 그 정도 해프닝은 다 있어. 걱정하지 마. 엄마가 학교 가서 선생님 만나볼게."

나도 떨렸지만 진경이에게는 안심을 시켰다. 나는 세수만 하고 급히 학교로 갔다. 무조건 선생님께 죄송하다고, 아이를 잘못 키웠다고 사죄를 했다.

선생님은 예고 애들이 장난이 심해서 한 명 잡아서 본보기로 혼내려 했다고 하셨다. 당연히 벌 받아야 한다고 죄송하다고 했다. 목소리만 컸지 겁이 많은 진경이에게 큰 교훈이 되었다. 진경이도 만회하기 위해서 더욱 공부도 열심히 하고 첼로도 열심히 연습했다.

이런 실수를 통해서 아이들은 자신의 정체성을 찾아가는 것이다. 『하버드 부모들은 어떻게 키웠을까』에 부모는 슈퍼맨이 되어야 한다고 쓰여 있다. 아이가 어려운 일을 맞닥뜨릴 때, 아이 혼자 해결할 수 없는 문제에 당면했을 때, 부모가 슈퍼맨처럼 나타나 일을 처리해주어야 한다는 것이다. 부모는 매사 알아서 일을 처리해 주는 존재가 아니라, 아이가 혼자 처리할 수 없는 일이 있을 때 아이와 의논하여 함께 처리해 나가는 존재다. 그리고 그 과정을 지켜보면서, 아이도 한 단계 성장할 수 있는 것이다.

『성공하는 사람들의 7가지 법칙』을 쓴 스티븐 코비의 아들 중 한 명이 운동도 못하고 공부도 못했다. 스티븐 코비 부부가 도와주려고 할수록 아들은 더 나빠졌다. 점점 나빠지자 부인과 함께 아들에 대해 의논했다.

아들에 대한 인식이 바로 부부의 행동에 강력한 영향을 미치고 있음을 알게 되었다. 아들을 믿어주고 절대로 먼저 나서지 않기로 부인과 합의

했다. 그리고 깊은 믿음과 기도로 아들이 잘하고 있는 모습을 상상하며 기다려주기로 했다. 처음에는 움츠러들고 고통스러워하던 아들이 몇 주가 지나고 몇 달이 지나면서 점차 좋아지기 시작했다. 자기만의 방식과 속도로 자신에게 주어진 일을 처리해가면서 공부, 교우관계, 운동과 같은 부문에서 사회적으로 인정받을 만큼 뛰어난 성과를 올리기 시작하였다. 이것이 피그말리온 효과(자기충족적 예언), 긍정적인 기대나 관심이 사람에게 좋은 영향을 미치는 효과이다.

이렇게 부모가 먼저 아이를 깊이 신뢰하고 믿어주자 아이 스스로 일어나 자기만의 속도로 걷기 시작하는 것이다. 이것은 아주 쉬운 일처럼 느껴지지만 어려운 일이기도 하다. 나도 오랫동안 아들을 믿고 기다렸다. 몇 주 몇 달이 아니고 거의 10년이 다 되어간다. 요즘 아들이 자기 주도적으로 적극적으로 생활 패턴을 바꾸었다. 아들을 깊이 신뢰하고 믿어주는 일이 나 자신을 믿고 신뢰하는 일이라는 것을 알게 되었다.

아주 오래전에 영어 선생님이 계셨다. 상당히 미인으로 아주 당당하고 자신감 있는 멋진 여성이었다. ECC 영어학원에서 그 선생님의 인기가 제일 많았다. 수업시간에 사적인 이야기를 하는데 자기는 아주 공부를 못하는 학생이었다고 했다. 고3 때까지 공부를 못해서 반에서 꼴찌를 했다고 했다. 집안에 언니 오빠는 유명한 의사, 변호사였다. 엄마는 끝까지 딸을 포기하지 않았다. 어떻게 하든 대학을 보내려고 노력했다고 한다. 어려서 배웠던 피아노가 도움이 되었다. 1년 재수하여 작곡과로 입학하였다. 그리고 미국으로 유학을 갔다. 유학 가서 철이 들자 전공을 바꾸어서 공부를 열심히 하게 되었다. 엄마는 자식을 믿어주고 끝까지 포기하지 않아야 한다고 말하는 영어 선생님의 말씀이 내 뇌리에 오랫동안 남아 있었다.

동환이의 친구 엄마한테 들은 이야기이다. 큰아들인 동환이 친구는 늘 반에서 1등을 하고 모범생인데 둘째 아들은 그렇지 않았다. 할머니와 엄마 사이의 문제인 고부갈등 같은 것이 사춘기의 아이에게는 큰 심적 고통으로 다가오기도 한다. 집을 나가고 학교를 안 가고 드디어 고등학교를 자퇴하기에 이르렀다. 동환이 친구 엄마가 웃으면서 말하기를 자기는 고등학교만 졸업하면 빵집 차려줄 거라고 항상 말했다.

말은 그렇게 했지만 얼마나 속이 상했을까 짐작이 갔다. 엄마는 대안학교를 찾아서 보냈다. 그런데 거기도 제대로 다니지 못하고 나왔다. 미국으로 여행을 데리고 갔다. 이미 의도된 여행이었다. 시골에 있는 고등학교 몇 군데를 탐방했다. 둘째 아들이 의외로 다니겠다고 동의를 했다. 그 엄마는 둘째 아들을 미국에 보내고 나서도 하이스쿨만 졸업하면 빵집을 차려주겠다고 했다.

그 후, 모임에서 만난 동환 친구 엄마의 얼굴빛이 밝아졌다. 둘째 아들이 공부를 너무 잘해서 미국 듀크대에 입학했다는 것이다. 너무 공부를 잘해서 장학금을 받고 있다고 하면서 밥을 샀다. 그리고 몇 년이 흐르자, 이제는 다시 밥을 사겠다고 했다. 둘째 아들이 아마존에 입사했다고 했다. 툭하면 집을 뛰쳐나가 머리가 헝클어진 채 아들을 찾으러 다녔는데 얼마나 자랑스럽겠는가.

엄마는 늘 자녀를 믿고 끝까지 포기하지 말아야 한다. 마음속 저 깊은 곳에서는 아이에 대한 깊은 신뢰와 믿음을 가지고 아이를 지켜보며 이끌어주어야 한다.

5 장

행복한 엄마가
행복한 아이를 만든다

1

모든 자녀는 성공하기에 충분하다

『하버드 부모들은 어떻게 키웠을까』에 등장하는, 남달리 똑똑하고 목표의식이 뚜렷한 인물을 길러낸 사람들에게서 뭔가 흥미로운 점을 발견했다. 이들에게는 자녀가 어떤 사람으로 자라길 바라는지에 대한 확실한 미래상이 세워져 있었다. 그 이상을 실현시키려는 동기도 있었다. 계획적 양육이었다. 그것은 출생 시부터 시작한 것으로 부모가 계획에 따라 전략적으로 매일매일 꾸준히 자녀가 어른이 되었을 때 도움이 될 자질들을 키워주었다.

유년기에 부모가 자녀와 나눈 모든 교감은 자녀의 인생에서 가장 의미있고 알찬 순간이 된다. 그리고 실제로 영향을 미친다. 평범한 다른 부모들과 달리 비범한 재능이 있는 부모가 아이를 특별하게 키우는 게 아니었다. 자녀가 자신이 원하는 사람이 되는데, 도움이 될 수 있도록 여건을 만들어주는 것이다.

우리는 누구나 다 자녀의 양육 방식에서 더 전략적일 수 있다. 우리는 누구나 신중하고 의도적으로 자녀와 소통하고 자녀에게 비전을 제시해 줄 수 있다. 비극이나 생활고가 있어도 부모의 의지만 확고하다면, 자녀를 잘 키울 수 있다. 부모가 자녀를 헌신적으로 이끌어주고자 하는 열의만 있다면, 얼마든지 사회에 숨겨진 보장 제도를 찾아낼 수 있다. 우리나라는 미국과 달라서 교육제도가 안 좋다고 불평불만만 하지 말고, 좀 더 세심하게 방법을 찾아보아야 한다.

우리 아이도 우리만의 방식으로 성공할 수 있다는 믿음과 열의를 가지고 자녀를 키워보자. 모두 서울대에 들어간다고 다 성공할 수 있는 것이 아니다. 저마다의 방식으로 저마다의 높이로 올라갈 수 있다는 말이다. 부모는 자신감을 가지고 내 아이에 대한 믿음과 신뢰를 가지고 양육에 헌신한다면 우리가 원하는 것보다 더 좋은 성과를 이뤄낼 수 있다.

우리 부모들은 자녀의 양육을 항상 최우선으로 생각해왔다. 그러면서 꾸준히 학원 보내고 사교육비를 들여왔다. 좀 더 전략적으로 구체적인 계획으로 자녀를 양육한다면 누구나 성공할 수 있다. 자녀의 몸과 마음이 강건하게 성공할 수 있는 자질을 부모는 키워주어야 한다.

올해 설날이 지나고 며칠 뒤, 우리 식구는 산소를 다녀왔다. 피곤해서 모두 거실에서 늘어져 있었다. 그런데 갑자기 아들 동환이의 핸드폰이 울렸다. 핸드폰을 가지고 방에 들어가더니 조금 있다가 검은 양복을 입고 방에서 나왔다. 갑자기 대구를 내려간다며 나가려는 것이었다. 갑자기 가슴이 마구 뛰기 시작했다. 왜 그러느냐고 물었다. 동환이는 대답을 못 하고 우물거리며 눈만 빨갛게 충혈되더니 급기야 눈물을 흘렸다.

"왜, 왜, 그래?"

나는 다그쳐야 했다. 이런 때일수록 마음을 냉정하게 유지해야 한다. 동환이의 가장 친한 친구인 S가 천국으로 갔다는 것이다. 그래서 친구들과 터미널에서 만나야 한다는 것이다.

"아니, 지금 가도 이미 장례식도 끝났을 테고 삼오제도 끝났을 거야."

그러니 마음을 추스르고 내려가기를 바랐다. 친구들과 얘기하여 내일 아침에 가라고 했다. 그리고 동환이에게 머리를 자르고 단정히 하라고 했다. 양복도 다시 챙겨주었다. 동환이는 정신을 못 차리고 옷을 제대로 챙겨 입지 못했다. 가장 친한 친구의 갑작스러운 죽음 앞에서 동환이는 어찌할 바를 모른 채 손만 덜덜 떨고 있었다.

만화 동아리에서 4년, 대학원에서 3년, 7년을 붙어 다니며 공부하고 술도 마시고 연애도 상담하던 친구였다. 친구는 대구에서 최고의 수재였다. 대구 전체 장학금을 받고 서울대에 입학하였다. 친구는 서울대에서 석사까지 하고 카이스트로 박사를 하러 내려갔다. 그 후에는 소식을 뜸하게 들었다고 했다. 각자 생활이 있으니 자주 보지는 못해도 가끔 통화는 했다고 했다.

동환이는 친구들과 대구로 내려갔다. 일행은 묘지에 있는 친구의 묘를 안내받았다. 저쪽에서 설명하지 않아도 친구 아버지라는 것을 금방 알 정도로 똑같이 생긴 가족과 마주쳤다. 서울에서 친구들이 올 것 같아서 연락했다고 친구 아버지가 말씀하셨다. 바람이 불고 싸락눈이 내리기 시작했다. 붉은 흙으로 덮여 있는 친구의 묘 위로 싸락눈이 흩날리고 있었다. 바람이 불고 머리카락은 날리고 눈물도 콧물도 흩날렸다.

손을 맞잡은 친구 아버님은 그래도 친구들에게는 알려야만 할 것 같아서 친구의 휴대폰에 저장된 번호로 알렸다며 미안하다고 하셨다. 할 말이 없어서 고개를 숙이고 말없이 싸락눈을 맞으며 서 있었다고 했다. 뭐라고 위로의 말씀을 한마디도 드릴 수가 없었다고 했다. 동환이는 친구와 3일 전에 통화를 했다. 친구는 아무런 내색도 하지 않았다

왜 그랬을까, 도대체 왜 그랬을까. 친구 S는 이미 예일대에 포스트닥터로 가기로 되어 있었다. 카이스트 교수님께서 이미 다 연락을 해놓아서 가서 공부하고 연구만 하면 되었다. 생활비도 다 나오는 장학금을 받기로 되어 있었다. 친구의 집안과 친지 전체에서 S가 가장 뛰어난 인물이었다. 아버지가 사업에 망해서 집안 형편이 좋지 않았는데 S가 유일한 집안의 자랑이자 희망이었다. 일행은 부모님을 뵙자 더욱 할 말을 잃고 눈물만 흘렸다. 바람에 나부끼는 싸락눈만 계속 맞고 서 있었다고 했다.

그래야 할 이유 같은 것은 없었다. 친구 아버지의 말씀에 따르면 본인이 119에 전화했다고 한다. 카이스트 기숙사에서 설을 혼자 맞은 친구는 술을 마시고 있었는지 술병이 바닥에 있었다고 했다. 장래가 촉망되는 한 과학자의 쓸쓸한 죽음 앞에서 모두 망연히 서서 바람 부는 언덕 묘지 위로 나부끼는 흰 싸락눈만 맞으며 망연히 서 있다가 왔다고 했다.

그 후, 우리 가족은 비상이 걸렸다. 모두 동환이에게 더욱 세심한 신경을 쓰기 위해 동환이와 같이 외식도 하고, 여행도 같이 다녔다. 혼자 있

는 시간을 줄여주기 위해 신경을 썼다. 친구와 같이 놀러 갔던 여행지가 TV에서 나오자 슬며시 방으로 들어갔다. 조금 있다가 눈이 퉁퉁 부어 나오곤 했다. 1년이 지나도록 동환이는 슬퍼하는 것 같았다.

동환이 친구 S의 부모님은 얼마나 참담하실까, 하는 생각이 들었다. 그러나 우선 내 자식부터 챙겨야 했다. '왜 이런 일이 우리나라에 점점 많이 생기는 것일까?' 우리 사회에 잠식되어 있는 황금만능주의 때문에 인간의 존엄성을 잃어가고 있기 때문이라고 생각한다. 왜 장래가 촉망되고 자리가 보장되어 있는 젊은 과학자가 자기를 버려야만 했는가! 오랫동안 삶의 무게에 지쳐서 본인이 앞으로 10년은 더 고생하고 공부해서 돌아와 이 가족과 나 자신을 책임져야 한다는 무게 때문이었을까. 그것은 아무도 모른다. 누구도 예측할 수 없다. 본인밖에.

성공하기에 충분한 젊은 과학자였다. 무엇을 얼마만큼 해야 성공하는 삶일까? 지금 이대로도 충분히 성공할 수 있다. 우리 자녀는 모두 성공하기에 충분하다. 우리가 자족하는 삶의 방식만 배운다면. 우리는 무엇을 위해 주변을 살피지 않고 계속 앞만 보고 달려가고 있는 것일까?

『유태인 엄마는 회복 탄력성부터 키운다』의 저자 사라 이마스는 "사회의 경쟁은 원래 잔혹한 것이며 온실 속에서 자란 아이들은 사회에 나가면 쉽게 시들어버린다. 어릴 때부터 부모가 아이의 위기 대처 능력과 회복 탄력성을 길러주어야 한다."라고 말한다. 살다 보면 좌절은 피할 수 없다. 부모가 대처할 수 있는 능력을 길러주어 피할 수 없는 좌절인가, 아이 스스로 맞서 헤쳐 나갈 수 있는 좌절인가를 항상 살펴야 한다.

조지 베일런트는 『행복의 조건』이라는 책에서 행복한 삶을 살기 위해서 가장 중요한 덕목이 인간관계와 고통에 대응하는 자세라고 말하고 있다. 교육받은 연수, 안정적인 결혼생활, 비흡연, 적당한 음주, 규칙적인 운동, 적당한 체중, 고통에 대응하는 자세가 행복의 7가지 조건이라고 한다.

나는 동환이를 따뜻하게 포옹하며 말했다.

"기억하렴. 네가 해결할 수 없는 고통에 빠졌을 때, 항상 부모가 네 등 뒤에 서 있다는 걸 명심해야 해! 절대 잊지 마!"

모든 아이는 저마다의 속도로 발전한다

어떤 아이는 매우 받아들이는 속도가 빠르고 어떤 아이는 느리다. 속도가 느리다고 그 아이가 못하는 것은 아니다. 우리 아이들은 느렸다. 내가 30대에는 옆집 아이하고 비교하다 보면 속이 상해서 죽을 것 같았다. 옆집 아이는 금방 알아듣고 똑똑하게 말하는데 진경이는 산만하고 집중하지 못했다. 알고 보니 자기가 알고 싶은 것만 집중했다. 고집이 세고 원하는 것만 하려는 성품이 있었다.

진경이를 임신했을 때, 책도 많이 읽었다. 내가 낳은 아이가 다른 아이들에 비해 더디다는 걸 인정하기 싫었다. 진경이는 평범한 아이였다. 그러나 자기가 원하는 걸 시키면 반짝반짝했다.

유치원에서 동화 구연대회가 있었는데 예쁜 드레스를 입고 무대에서 하는 것이었다. 진경이는 얼마나 발음도 좋고 감정까지 넣어서 동화구연을 잘하는지 큰 박수를 받았다. 그러나 진경이는 밤만 되면 자지 않으려고 했다. 그리고 아침에 일찍 일어나는 것을 힘들어했다. 난 큰아이 양육 때 했던 실수들을 둘째 아이 때는 하지 않게 되었다. 그러나 한 번 했던 경험을 다시 반복하면서 실수를 하지 않은 것이 아니었다. 둘째는 이미 배 속에서부터 학습된 무엇 위에 시작하는 느낌이었다. 『이기적 유전자』를 보면서 그것이 이해가 되었다. 그래서 둘째는 조금 더 영리하다. 대부분 그렇다.

특히 악기를 시켜보면 확연하게 빨리 받아들이는 아이가 있고 조금 더디게 받아들이는 아이가 있다. 그러나 빨리 받아들이는 아이가 끝까지 완성도 있게 잘하는 것은 아니었다. 왜냐하면 성실하게 꾸준히 끝까지 해내는 아이가 음악을 완성도 있게 연주한다. 더디게 가지만 꼼꼼하고 세밀하게 연습하고 끝까지 노력하는 아이가 마지막에는 잘한다. 어려서 잘하던 아이가 끝까지 꾸준히 열심히 했을 경우에만 끝까지 잘하는 것이다.

첼로를 잘 가르치기로 유명한 J선생님이 계시다. J선생님의 유명한 명언이 있다.

"노력하는 것 자체를 포함해서 재능이라고 한다."

천부적인 재능이란 노력하지 않고 지금 반짝하는 것을 말하는 것이 아니다. 악기나 공부나 모두 끈질긴 노력으로 최소 20년은 가야 성공할 수 있다. 어떤 걸 해도 그 분야의 달인이 되어야 성공할 수 있다. 한번은 TV 프로그램에 만두 만드는 달인이 있었다. 하루 종일 서서 만두 3,000개를 만들었다.

그분은 좌우 반동을 이용해 계속 몸을 흔들면서 만두를 빚었다. 지금은 어마어마한 현금을 모았다고 한다. 한 번 중간에 사기를 당해서 바닥에 떨어진 적이 있었다. 그랬지만 다시 일어서서 최상의 맛을 연구하고 과학적이고 전략적으로 맛을 연구하여 맛있는 만두를 빚어냈다. 그런 분은 무엇을 해도 성공할 사람이다.

그러한 자세는 정신에서 나온다. 정신이 먼저다. 우리 모두는 자기만의 속도로 살아간다. 모든 인간은 자기만의 에너지 파장을 가지고 태어난다. 그런데 그것을 거슬러서 더욱 빨리 하라고 채근하고 화를 낸다면 그 파장은 깨지고 말 것이다.

동환이는 참 느리다. 행동이 느리고 말도 느리다. 그 느린 행동을 고쳐

보려고 했지만 잘 안 되었다. 그래서 나는 채근하는 것을 포기하고 진경이보다 30분 일찍 깨웠다. 그리고 본인도 자기가 빨리 준비하는 것이 불가능하니 조금 일찍 깨워 달라고 했다. 그것이 습관이 되어서인지 지금도 느리다. 자기만의 속도가 있다는 걸 두 아이를 기르면서 절실하게 알게 되었다. 동환이는 문제를 느리게 풀었다. 사고력과 창의력은 누구보다 넓고 깊었다. 나는 그런 동환이를 믿었다. 잘해낼 거라는 걸.

진경이 제자가 있다. 정말 첼로를 잘하고 착하고 음악에 대한 열정도 엄청났다. 그 학생은 울산에서 올라왔는데 잘 데가 없었다. 엄마 친구네 집에 있었다. 입시는 몸과 마음이 불편하면 안 된다며 어느 날 진경이가 제자를 집으로 데려왔다. 착하고 순진한 울산 사투리를 쓰는 H는 우리 식구와 같이 1년 정도 같이 지내면서 정이 들었다. 대학 입시 때까지 진경이한테 첼로를 배웠다. 지금은 가족처럼 친하게 지내고 있다.

H는 음악성도 있고 음악에 대한 열정은 누구도 따라갈 사람이 없었다. 그런데 약간 더뎠다. 더디게 해냈다. 서울예고의 학생들은 1~2달이면 해낼 수 있는 곡도 그렇게 10시간씩 연습을 해도 잘되지 않는 것이었다. 처음에는 답답하고 막막했다. 진경이도 힘들어하는 것 같았다. 입시를 치를 때는 엄마가 올라오셔서 같이 계시면서 심리적인 안정을 주고자 하셨다. 같이 입시를 치르는 선화예고 학생이 있었다. 이 여학생은 금방금방

따라 하는 것 같았다. 그러나 이 여학생은 꾀쟁이였다. 재능은 있는데 연습하는 걸 싫어했다. 조금 연습하고 쉬며 떠들기만 하였다.

진경이는 여학생을 많이 혼냈다. 가르치기는 쉬운 아이였다. 금방 알아듣고 따라 하니 꾸준히 연습만 하면 되는 아이였다. 그러나 여학생을 연습시키는 것이 더 힘들었다.

H는 그렇지 않았다. 아주 열심히 노력하며 조금씩 늘고 있었다. 둘이 같이 한국예술종합학교 입시를 보는데 큰 걱정이었다. 여학생은 재능이 있는데 연습을 안 하고, H는 더디게 느는데 열심히 하는 열혈 노력파였다.

진경이는 선생으로서 둘 다 가능성은 있다고 했다. 그러나 열심히 노력하는 H가 더 애정이 갔을 것이다. 선생님은 느리게 해도 꾸준히 노력하는 학생이 예쁜 법이다. 천부적인 재능이 있어도 노력하지 않으면, 다이아몬드도 돌멩이에 지나지 않는다.

첼로는 5명밖에 뽑지 않기 때문에 정말 죽을힘을 다하여 연습하여야 한다. 그렇지 않으면 둘 다 떨어질 것이었다. 마지막까지 최선을 다하여 연습해야 하는데 여학생은 연습은 하지 않고 온갖 핑계만 대고 있었다. 그러나 다른 학생은 마지막까지 고된 훈련을 하면서 연습하고 또 연습했다. 홀에서 실전처럼 훈련을 했다. 입장하는 것부터 인사하고 앉아서 연주하는 것까지 입시 상황을 그대로 연출하며 무대 연습을 했다.

입시 하루 전날, H가 연주하는 걸 보았는데 얼마나 잘하던지 눈물이 나왔다. '네가 그렇게 열심히 노력하더니 음악이 그렇게 좋아졌구나.' 나는 혼자 '그날 붙겠구나.'라고 생각했다. 정말로 좋은 성적으로 한예종에 붙었다. 소문을 들으니 H가 제일 잘했다고 했다. 참 자랑스러운 일이다.

모든 일이 다 그렇지만 음악 역시, 재능이 있으나 노력하지 않는 아이보다, 더디고 느리지만 꾸준히 하는 아이가 결국 성공한다. 재능은 노력을 이기지 못한다. J선생님의 말씀처럼 음악의 천부적 재능은 노력하는 것까지 포함한다고 하는 것이다.

진경이 말처럼 하늘이 감동할 만큼 노력해야 입시에 붙는다는 것이다. 진경이에게 가르치는 달란트가 있었는지, 둔하고 소리도 못 내던 아이도 정말 1년 만에 만들어 내는 것을 보면 기특하다. 진경이는 학생들을 좋아한다. 그리고 아이의 마음을 먼저 치유해준다. 상처받은 영혼을 어루만져주고 들어준다. 물론 기초적인 연습을 많이 시킨다. 그것은 그렇게 중요하지 않다. 마음이 제일 중요하다. 마음 안에서 소리도 나오고 음악도 나온다. 연습만 한다고 좋은 음악가가 되는 것은 아니다. 행복하게 연습해야 한다. 즐거운 마음으로 연습해야 한다. 아주 오랫동안 죽을 때까지 연주하며 살아야 하는데 행복해야 끝까지 갈 수 있지 않을까? 즐거워야 오랫동안 할 수 있지 않을까? 그래서 첼리스트 조영창 교수도 "진정한 음악가가 되려면 허황된 욕심은 버리고 필요 없는 치장은 금물이다. 또한 테크닉은 기가 막힌 음악을 만들어 내기에 반드시 갖춰야 할 기본이다. 음악은 진실되고, 솔직한 것, 영원한 것이다."라고 하신 것이다. 연습은 진실되게 하여야 한다. 군자는 누가 보지 않아도 자세를 흐트러트리지 않는 법이다.

항상 멀리 내다보라고 한다. 멀리 보고 가르치고 양육하라고 하지만, 우리는 또래 아이들과 계속 비교하면서 내 아이가 뒤처지지는 것은 아닌지 확인하려고 한다. 칼 비테도 미숙아로 태어났다. 생후 3~4개월 때부터 책을 읽어주고 꾸준히 인내심을 가지고 양육하여 천재로 키워냈다. 꾸준히 인내하며 노력하면 성공에 다다를 수 있다. 비교하지 말고 아이의 성장 속도대로 인내심을 가지고 천천히 따라가면 되는 것이다. 빠르게 받아들이고 영재처럼 보여도 꾸준히 하지 않으면 범재가 된다. 둔재라 해도 꾸준히 전략적으로 양육하는 태도로 키우면 영재가 된다는 것을 많은 사례를 통하여 알게 되었다.

스스로 답을 찾아가게 하라

동환이의 수학, 과학 과외 선생님들은 수업할 때, 2문제를 풀더라도 동환이 스스로 풀도록 옆에 가만히 앉아 있는다고 했다. 사실은 가만히 앉아 있는 게 더 힘들다. 엄마들은 진도를 빨리 빼 달라고 한다. 완벽하게 이해하지 못한 상태에서 진도를 나가도 소용이 없는 게 수학이다. 과학도 마찬가지이다. 엄마들이 이 사실만 확실하게 알아도 공부를 못하지 않을 것이다. 완전히 이해한 후에 넘어가야 하는 것, 이것만 지키자. 후배가 딸의 과외를 부탁하기에 동환이에게 말했다. 그랬더니 단서를 달았다.

대신 대치동 학원에 많이 다니는 학생은 싫다고 하였다. 선행학습을 해야 한다는 조급함 때문에 심화학습을 해줄 수가 없다고 했다. 진도에 상관없이 아주 천천히 혼자서 문제를 해결할 수 있는 시간을 주고 막힐 때 다시 약간의 아이디어를 주고, 다시 기다려주기를 반복하였다.

동환이의 방법이 다 맞는 것은 아니다. 저마다 자기가 원하는 방식이 있고 원하는 대로 해서 잘하면 된다. 동환이가 하는 방식은 스스로 생각할 수 있는 근육을 만들어주고 나중에는 선생님이 없어도 혼자서 공부할 수 있도록 하는 것이다.

지금 가르치는 Y학생은 중학교 2학년이고 학원을 별로 다녀본 적이 없다. 엄마가 소설가이기 때문에 책을 많이 읽었을 것이다. 꿈이 의사가 되는 것인데 그러려면 수학을 잘해야 한다. 다행히 Y는 동환이를 좋아하였다. 동환이가 수학과 과학에 대해 설명하는 방식을 좋아했다. 때 묻지 않은 아이라서 동환이도 좋다고 하였다. 경기도에서 강남으로 딸 때문에 이사를 왔다. Y의 엄마는 나의 대학 후배인데 나한테 학원을 물어보기에 그럼 동환이가 도와줄 수 있을 거라고 했다. '일주일에 한 번이고 시간은 자유롭게'라는 단서를 달았다.

Y를 가르치면서 동환이는 말했다. 진도가 많이 늦지만, 아이가 하려고 하는 의지가 강해서 도와주고 싶다고 말이다. 선생님은 학생이 선생님을

믿고 전적으로 의지하고 따라주면 무엇이든 다 주고 싶어지는 것이다. 본인이 가지고 있는 모든 역량를 쏟아부어주고 싶은 것이다.

지금 몇 달이 지났는데, Y는 제법 성적도 잘 나오고 잘하고 있는 것 같다. 동환이도 계속 따라 준다면 Y가 원하는 의대에 합격할 것이라고 했다.

Y의 엄마는 딸 하나만 낳아 잘 기르고 싶어 했다. 나에게 상담을 했다. 나는 Y 엄마에게 이렇게 말했다. 딸의 꿈을 위해서 딸이 공부할 때는 항상 옆에서 책을 읽어라. 아무 말도 하지 말고. 7번 읽기 비법으로 교과서를 여러 번 읽혀라. Y의 꿈을 이루기 위한 작업에 총력을 기울여라.

만약에 경제적으로 확실하게 밀어줄 수 없다면, 중학교 때까지는 중요한 한 과목에 집중해야 한다. 노후를 위하여 Y에게 집중해주어라. 자녀에게 노후에 도움을 받기 위해서 잘되어야 한다는 것이 아니다. 일단 자녀가 잘되어야 내가 마음 편하고 소설도 편하게 쓸 수 있기 때문이다. 소설은 그때 다시 시작하여도 정말이지 시간이 많다.

나는 상담해준다는 핑계로 후배의 자녀교육 방법에 참견을 하게 되었다. Y에게는 전략적인 접근의 공부 방법이 맞는다고 하였다. 영어는 문법만 정리되면 혼자서도 잘할 수 있다. 책 읽는 것을 좋아하니 쉬운 책부터 읽으면서 단어를 무조건 많이 외워라. 책은 많이 읽고 있으니 언어영역은 잘할 것이다. 이 아이는 수학, 과학만 잘하면 되는데 과학은 한 번만 정리해두면 크게 어렵지 않다.

문제는 수학이다. 수학은 누군가 서포터가 옆에 앉아서 한 문제 한 문제 풀어주면 안 되고 풀 때까지 기다린 후 상세히 설명해주고 넘어간다. 다시 되풀이 반복해도 모를 때에는 알 때까지 원리를 설명해주어야 한다. 그러기 위해서 학원보다 과외가 필요하다. 질문할 수 있어야 하는데 학원에서는 질문하기가 쉽지 않다.

현악기도 마찬가지이다. 바이올린이나 비올라 첼로는 줄이 4개로 이루어져 있다. 레슨 강사로 유명한 K교수의 말씀이다. 그 선생님은 지금은 서울대 교수이다. 아침에 일어나서 매일 하루도 빠지지 말고 줄 1개에 100번씩 개방현으로 소리를 내라. 개방현이란 왼손으로 줄을 잡지 않고 그냥 줄에 활을 대고 풀보잉을 하라는 것이다.

이때 최대한 브릿지 근처에서 소리를 내라는 것이다. 그런데 그것이 어렵고 가장 팔이 아프다. 참고 그것을 끈질기게 1년만 한다면 활은 이제 하나도 신경 쓸 것이 없다고 했다.

사람은 가장 기본적인 것, 즉 가장 쉽고도 어려운 것은 해내지 못한다. 모두가 알고 있는 그것, 기본값, 기본기, 그것을 알면서도 못하고 실천하지 못해서 빨리 앞으로 나아가지 못하는 것이다. 왜 그럴까. 조급해서 그러는 것이다.

나는 17년 전 그해 여름을 잊지 못한다. 체코 프라하의 호텔에 앉아 진경이의 미래를 오롯이 나 혼자 책임지고 끌고 가야 한다는 부담감 때문에, 너무나 두렵고 고통스러웠다. 체코 프라하 호텔의 넓은 테라스에서 아름다운 볼타바강의 붉은 불빛들을 내려다보며 두려움과 불안으로 뒤범벅이 되었다. 그때 등 뒤의 호텔 방에서 들려오는 랄로 콘체르트는 왜 그렇게 슬펐을까? 3일 후면 진경이가 연주해야 하는데 곡은 외우지도 못했다. 파이널 연주자로 뽑히긴 했는데 반주와 맞지도 않았다.

악기는 세컨드 악기를 가지고 와서 맹맹하고 소리가 안 나고 답답했다. 나는 신우염이 왔다. 선홍색의 피가 팬티에 계속 묻어 나왔다. 항생제도 없이 식은땀을 삐질삐질 흘리며 하혈을 했다. 얼마나 아팠는지 진경이한테 내색도 하지 못했다.

내가 생각한 방법은 다시 처음으로 돌아가서 기본부터 하는 거였다. 3일밖에 안 남았다고 조급해하며 마구 손가락만 돌리면 소리는 더 뜰 것이고 아이는 실수할 것이다. 개방현으로 한 줄에 100번씩 긋게 하였다. 그리고 한 프레이즈씩 100번씩 끊어서 연습하게 하였다. 하루가 지나자 악기 소리가 지저분해졌다. 활을 브릿지 앞에서 긁어대었으니 그럴 것이다. 엄마를 믿고 그냥 계속하자고 진경이를 설득하였다. 진경이도 급하니까 나를 믿고 따랐다.

이튿날, 다시 개방현 100번씩 연습하고, 한 프레이즈에 100번씩 연습하고 넘어갔다. 조금 소리가 정돈되는 것 같았다. 일단 저녁 8시까지 100번씩 끝내기로 하였다. 그리고 잠을 잤다.

3일째 되던 날, 다시 아침부터 개방현 100번씩 하고, 한 프레이즈에 100번씩 하는 것이 다 끝났다. 프레이즈와 프레이즈를 연결하며 노래하게 했다. 다행히 진경이도 내 말을 100% 들어주었다. 저녁 7시 30분이 연주 시간이었다. 진경이와 나는 드레스를 들고 연주회장으로 갔다.

체코 드보르작 홀, 바닥에는 빨간 카페트가 고풍스럽게 깔려 있었다. 금박을 입힌 르네상스풍의 의자들이 한결 격조를 높이고 있었다. 숨소리도 들리지 않는 연주회장 안의 분위기에 압도되었다. 빨간 카페트 위에 르네상스풍의 의자들과 무대 장식들, 그곳에 정숙하게 앉아 있는 정장을 입은 외국인들, 정말 숨이 멎을 지경이었다.

진경이 차례는 마지막이었다. 제발 반주자가 정신 차리고 잘 맞춰줘야 할 텐데. 반주자가 파일럿이라고 했다. 피아니스트와 파일럿. 우리나라에서는 있을 수도 없는 일이었다. 랄로 콘체르트는 첼로와 피아노가 엇박자로 나온다. 그래서 박자가 맞추기가 어려웠다. 마지막 순서로 진경이가 나왔다. 숨이 멎는 것 같았다. "제발~ 하나님 아버지, 저 아이의 머리와 가슴과 손가락 마디마디까지 하나님의 은총과 은혜로 어루만져주시고, 가장 찬란하고 아름다운 음악으로 여기 모인 청중의 가슴 가슴에 깊은 감동과 힐링을 주는 연주를 하게 하옵소서!" 나도 모르게 길고 간절한 기도를 올렸다.

그날, 진경이의 첼로 소리는 지금까지 듣던 그 첼로 소리가 아니었다. 정말로 나에게는 하늘에서 들려오는 천상의 울림이었다. 그날, 드보르작홀에서 연주한 것은 진경이가 연주한 것이 아니었다. 그것은 우주의 알 수 없는 에너지가 작용한 것이다. 2년 이상 세워두었던 세컨드 악기에서 그렇게 아름답고 형용할 수 없는 소리가 나다니! 알 수 없는 일이었다. 정말로 은총과 은혜로 얼룩진 밤이었다.

스스로 답을 찾아가게 하라. 진경이 스스로 너무나 다급하고 초조했던 상황에서 스스로 자기의 소리를 찾아내었다. 그것은 인생의 본질적인 물음 그 자체이다.

4

관대하면서
엄격하라

엄마는 자녀에 대한 극진한 사랑을 반은 숨기고 반만 표현해야 한다. 너무 사랑하는 것을 표현하여 아이를 망치는 일도 있다. 아이에 대한 사랑을 숨기지 못하여 엄마가 아이에게 규칙을 적용하는 데 일관성이 없어지면 아이는 가치관에 혼동이 생긴다. 그렇기에 관대하면서 엄격해야 한다는 것이다. 옛날 대갓집에서는 안방마님이 아들의 종아리를 회초리로 때리며 엄격하게 교육하였다. 나는 그 방식이 옳다고 생각한다.

내가 아는 음대 부부 교수님이 계시다. 내가 그 아이를 처음 봤을 때는 7살 때였다. 선생님의 아들은 부모님의 유전자를 물려받아서 피아노를 정말 잘 쳤다. 영재였다. 그런데 한번 떼를 쓰면 말릴 수가 없었다. 아이가 마음먹고 피아노를 치면 기가 막히게 피아노를 치지만 한번 마음먹기가 이만저만 어려운 것이 아니었다. 선생님은 수단과 방법을 다해 보았지만, 중1 때부터 사춘기가 온 아들은 막무가내였다.

사춘기가 온 아들에게 피아노를 연습시킬 수가 없었다. 선생님은 대학 강의 가셔야지, 아들 연습시켜야지, 학생들 레슨해야지, 연주해야지, 바쁜 스케줄 속에서도 아들을 가르쳐보려고 무던히도 애를 쓰셨다. 옆에서 보기에도 정말 안쓰러울 지경이었다.

선생님은 너무 바쁘시고, 집에서 학생들 레슨하랴, 육아하랴, 일관성 있는 양육 태도를 유지하지 못하셨을 거라 짐작했다. 한편으로 남편 되시는 교수님이 일관성 있고 주의 깊은 양육 태도를 유지하셨다면 달라졌을 거라고 생각한다. 선생님의 남편은 선생님한테 육아를 미뤘을 것이다. 아이를 키우는 것은 주로 여자가 해야 한다는 전통적인 사고방식을 가진 분이셨다.

자녀는 부부가 함께 키우는 것이다. 엄마가 양육해야 할 부분이 있고, 엄격하게 규칙을 지키게 하는 것은 아빠가 해야 한다. 특히 아들은 덩치가 커지면 점점 엄격한 규칙을 적용하기가 힘들어진다. 어려서부터 엄격한 규칙으로 다스리고 사랑으로 따뜻하게 훈육하는 태도를 가져야 한다.

몇 년 후, 선생님은 아들이 피아노도 안 치고 학교도 안 가니까 대안학교를 보냈다. 그 후 미국 유학을 보냈다. 미국의 실용음악과로 유명한 버클리 음대에 입학하였다. 지금은 한국에 돌아와 군대를 갔다. 정말로 안타까운 인재이다. 조성진만큼 유명한 피아니스트가 되어 있을 인재였다. 하지만 아직 끝난 것은 아니다. 혹시 BTS가 부를 멋진 곡을 작곡할지도 모르는 일이다. 그 아들은 현재 정말 잘 생기고 멋진 청년이 되었다. 머지않은 훗날, BTS가 부를 멋진 곡을 작곡하게 되기를 기도한다.

어려서부터 규칙이 중요하다. 이것은 되고 저것은 안 되고. 안 되는 것은 끝까지 안 된다고 가르쳐야 한다. 부모의 일관성 있는 태도에 따라 아이는 판단하게 된다. 어디까지가 타협할 수 있는 부분이고 어디까지 안 되는지 알게 하여야 한다. 그것이 자라서도 무의식 속에서 작용하게 되는 것이다.

엊그제 한남동 유엔빌리지에 사는 친한 언니네 집에 초대받아 다녀왔다. 싱가포르에 있는 손녀딸이 코로나19 때문에 서울에 와 있는데 40개월 된 아이가 얼마나 똑똑한지 모른다고 자랑을 하셨다. 처음에 왔을 때는 손녀가 원하는 대로 안 되면 3시간을 누워서 울었다고 했다. 핸드폰만 들여다보는 손녀가 안 되겠다 싶어서 핸드폰을 빼앗고 안 주었다고 했다. 지금은 자기 전에 한 시간만 가지고 놀게 한다고 하셨다. 할머니가 끝까지 안 되는 것은 안 된다고 하니까 이제는 타협할 수 있는 것과 없는 것을 정확히 안다고 하셨다. 몇 가지 규칙, 그것만은 타협이 안 된다고 가르쳐라. 아이는 금방 알아채고 규칙을 잘 지킬 것이다.

지금은 어른들의 언어로 할아버지 할머니와 소통하고 영어로 비틀즈 노래를 2번 듣고 다 따라 한다며 자랑을 하셨다. 얼마나 행복하겠는가. 아이가 원하는 것은 다 해주고 싶겠지만 몇 가지 규칙은 정해주고 안 된다고 하셨다. 자는 시간과 일어나는 시간, 핸드폰 가지고 노는 시간. 아이를 향한 무조건적인 사랑 대신에 관대하면서도 엄격한 양육 방식을 택한 부모가 아이를 훨씬 잘 키운다.

동서양을 막론하고 모두 부모의 학력이나 부, 지위를 뛰어넘어 자녀를 성공으로 이끄는 결정적인 노하우라는 것은 존재하지 않을지도 모른다. 그러나 한 가지는 꾸준히 끝까지 인내하며 아이를 일관적인 태도로 양육했다는 것이다. 그들은 모두 조기 학습 파트너로서 계시자, 철학자, 롤모델, 협상가, GPS, 항공기관사, 해결사의 역할을 수행하면서 자녀를 양육했다.

'부모가 환경을 주의 깊게 살피고 관리하면서 학교나 교사를 비롯한 그 외의 여건이 언제나 자녀에게 유용하게 챙겨준다.'

'부모가 자원을 찾아내고 장애물을 제거하면서 기회의 문이 닫히지 않도록 확실히 챙겨준다.'

우리나라 학부모들에게 이 정도는 얼마든지 가능하다고 본다. 아니 이 정도보다 더 집중양육 방식을 택한다. 그렇기에 오히려 자녀를 관대하게 양육하는 것을 배워야 할지도 모른다. 관대하면서 엄격하게 양육한다는 것은 오히려 단어 유희 같을지도 모른다.

나의 친정아버지는 매우 엄격하였다. 우리 남매들이 모두 크게 성공하여 나라의 운명을 좌지우지하는 자리에 있지는 못하여도 우리 부모님의 능력의 최대치를 활용하여 키워내셨다. 한 명도 낙오하지 않고 감사하게도 모두 성실하고 정직한 시민의식을 가진 국민으로 살아가고 있다는 것이다.

이 땅의 어머니들은 모두 애국자이다. 나의 주장은 우리가 가지고 있는 역량의 최대치를 자녀에게 쏟아 붓고 자녀가 자랄 수 있는 최대치를 끌어올려주어야 한다는 것이다,

『유대인 엄마는 회복 탄력성부터 키운다』의 저자 사라 이마스는 어른이 원하는 것을 아이에게 강요하지 않고 아이가 자신의 의견과 생각을

표현할 수 있도록 격려해주는 것을 '아이를 존중하는 것'이라고 말한다. 아이에게도 자기 견해가 있음을 믿어주는 것이다.

그러면서도 '존중하되 냉정하게 훈육하라'고 한다. 존중과 방임은 한 끗 차이다. 아이가 원하는 것을 최대한 만족시켜주며 아이를 완벽한 '자유' 속에서 성장하게 하는 부모들이 있다. 그런데 이것은 존중이 아니라 방임이다. 아이의 요구를 들어주는 것만이 존중이 아니다. 아이의 성장 단계와 상황에 따라 아이를 존중하는 방법도 변해야 한다. 변하지 않는 것은 오로지 아이에 대한 '사랑'뿐이다.

아이를 교육하는 목적은 아이를 인격적으로 바르고 성숙한 사람으로 길러내는 것이다. 지금 주변에서 보면 자녀가 1~2명뿐이다. 너무 방임하여 기르는 것이 아닌가 우려가 될 때가 있다. 식당에서 아이들이 마구 뛰어다녀도 가만히 내버려둔다. 야단치는 부모가 없다. 공부만 잘하면 된다는 식이다. 나도 그럴 때가 있었다.

그런데 남편은 용납하지 않았다. 집안 행사에도 꼭 데리고 다녔다. 제사 때도 '공부나 하게 놔두자'는 생각이었는데 남편은 데리고 다녔다. 지금 생각해보니 남편에게 고맙다. 나의 부족한 부분은 남편이 채워주었다.

우리는 완벽하지 않다. 부모 역할도 처음 하는 것이다. 완벽한 부모가 되는 완벽한 매뉴얼은 이 세상에 존재하지 않는다. 관대하면서 엄격하라는 것은 완전히 납득이 가지 않는 주문일 수 있다. 가족 구성원이 협의하여 가족 구성원이 정한 규칙 중 무엇은 되고 무엇은 안 된다는 스티븐 코비의 '가족 사명서'를 작성해보길 바란다.

악기 하나는 가르쳐라

30년 전만 해도 집집마다 아이에게 피아노는 무조건 가르쳤다. 사람들은 피아노를 몇 년 치다가 그만두어도 어른이 되어 취미 수준으로 칠 수 있다고 생각했었는지 모른다. 그러나 바이엘 정도 치다가 그만두면 그나마 그것도 할 수 없다는 걸 알게 되는 순간, 피아노를 가르치지 않고 플루트나 다른 걸 가르치는 분들도 있다.

아니면 음악시험 잘 보려고 시켰을 수도 있다. 나도 4살 때 피아노부터 가르쳤다. 악기 하나는 가르쳐야 선진국 국민이다. 이것은 사실이다. 선진국으로 갈수록 국민들의 의식 수준이 높다. 행복 추구의 절대 가치는 무엇일까? 돈? 풍요? 시간? 성공? 건강? 사랑? 이 모든 것은 정신에서 나온다고 믿고 있다. 의식 수준의 정도에 따라 달라진다고 생각한다.

나의 주변에는 50년 이상 악기를 하신 음대 교수님들이나 연주자분들이 몇 분 계시다. 나는 이분들과 교류하면서 우리 부부의 경제적 자유보다 훨씬 우리의 인생, 우리 가족의 인생이 풍요로워졌다고 믿고 있다. 우리 가족에게 소중한 분들이 되었다. 사람들이 돈을 많이 벌고 경제적 자유가 생기면 그다음 무엇을 할까? 여행? 여행도 한다. 하지만 대부분의 부자는 우리보다 더 자주, 자유롭게 여행하는 것 같지는 않다. 돈 벌기 바빠서.

물론 서울에서 아침 먹고 내일 캐비어 먹고 싶어서 파리 간다는 사람도 들어봤다. 대부분의 음악가들은 돈이 있고 없고의 차이가 아니라 인생을 대하는 삶의 태도가 다르다는 걸 알 수 있다. 작은 일에도 여유 있게 즐길 줄 아는 사람들이다. 연주회를 마치고 와인 한잔하며 웃고 떠들며 즐긴다. 또 친한 음악가들을 집으로 초대하는 걸 즐긴다.

지금 우리의 문화는 절대로 사람을 집으로 초대하지 않는다. 나만 해도 30년 전에는 집으로 사람을 많이 초대했다. 그러나 아이들이 중심이 된 후에는 지인들을 초대하지 않는다. 친정 식구들 정도다. 그것도 명절 때나, 남편 생일, 크리스마스 정도에만 초대한다.

그러나 음악가들은 비싼 와인이 생기면 친한 지인들 모일 때 꼭 들고 나온다. 같이 즐기고 싶어서 그러는 것이다.

음악도 독주보다는 함께하는 실내악, 챔버뮤직 등이 더 재미있고 사람의 마음을 편안하게 감싸주는 것 같다. 음악가들은 마음에 맞는 사람과 즐기는 걸 최고의 가치로 여기는 것 같다. 2배로 행복해지는 비결이다. 나도 그것을 배웠다. 우리 가족들도 덩달아 풍요로워졌다.

진경이가 악기를 시작한 후로 음악회에 자주 다니고 있다. 아이가 초등학생, 중학생일 때는 우리 부부도 클래식을 잘 몰랐기 때문에 클래식을 좋아하지 않았다. 그러나 아는 지인들의 자녀 음악회나, 음악가 선생님들의 연주회이니 할 수 없이 가는 것이었다. 그러나 시간이 지날수록 우리 부부도 알게 되었다. 우리 부부의 인생이 풍요로워지고 행복해지고 있다는 것을.

음악회에서 만나는 사람마다 이렇게 말한다.

"두 분 참 부자이신가 봐요. 늘 그렇게 같이 다니시니."

부부가 항상 연주회에 같이 다니니 경제적으로 여유가 있어서 많이 다니는 줄 안다. 경제적으로 여유가 있어서 풍요로워지는 것이 아니라는 걸 나는 유럽에서 알게 되었다. 연주회에 온 그들의 옷차림은 새로 나온 신상 의류도 아니고 고급 명품 옷을 빼입고 온 것도 아니었다. 아주 오래된 낡은 옷이어도 품위가 있어 보였다. 그리고 예술가들을 존중해주는 정서가 있었다.

음악가들을 위해 아낌없이 기부하고 음식도 마련하여 일주일, 한 달 뮤직 페스티벌을 열고 같이 즐긴다. 큰돈을 기부한 사람이라도 자신의 집을 아낌없이 내어주고 음식을 만들어 나눠준다. 그것을 위해 1년 동안 준비한다. 우리에게는 없는 여유와 풍요로움이 있다. 우리나라도 전 세계 10위 안에 드는 경제 대국이 되었다. 이제부터는 삶을 풍요롭고 여유 있게 즐기는 자세를 배워야겠다. 남과 비교하지 않고 자신들만의 가치와 풍요로움을 즐길 줄 아는 자세를 배우기 위해서라도 자녀들에게 악기 하나씩은 가르치라고 권유하고 싶다.

나는 연주회에 자주 간다. 자의든 타의든 가고 나면 행복해진다. 연주회장에서 만나게 되는 지인들도 모두 행복한 얼굴이다. 진정 인생을 풍요롭게 즐기고 싶거든 악기 하나는 꼭 시켜라. 인생의 품격을 높이고 싶거든 악기를 시켜라. 교양 있는 사람들과 교류하고 싶거든 악기를 시켜라. 그러고 나면 나도 모르게 자녀 때문이라도 연주회장에 가게 되고 연주회에 가보면 마음이 풍요로운 사람들을 만나게 될 것이다.

전 미국 국무장관인 콘돌리자 라이스는 3살 때부터 피아노를 배웠다. 26살에 스탠퍼드 부총장이 되었고, 46살에 백악관 첫 여성 보좌관이 되었고, 50살에 국무장관이 되었다. 첼리스트 요요마와 버킹엄 궁에서 영국 엘리자베스 여왕 앞에서 연주를 할 정도로 수준급 피아니스트였다.

나의 친한 친구의 딸 민주가 있다. 24살에 행정고시에 패스한 재원이다. 첼로 실력이 수준급이고 피아노도 잘 친다. 발레는 콩쿠르에 나갈 정도이다. 딸 하나만 낳은 이 친구는 품성과 훌륭한 인격을 갖도록 모든 것을 지원했다. 민주는 발레, 첼로를 아주 재미있게 즐기며 배우러 다닌다. 외모도 연예인만큼 예쁜 민주는 친구들이 입을 모아 칭찬하는 재원이다. 미 국무장관 콘돌리자 라이스처럼 되길 기원해본다.

"인류 역사상 가장 위대한 발명품은 클래식 음악이다. 나는 음악의 힘으로 매일 행복하게 살아간다."라고 하워드 가드너(세계 최고의 교육학자, 다중지능 이론 창시자, 하버드 의대 교수)는 말했다. 그는 피아니스트 지망생이었다.

아인슈타인도 이렇게 말했다.

"나는 종종 음악으로 생각한다. 음악으로 공상하고 음악적 형식으로 삶을 본다."

아인슈타인은 바이올린과 피아노를 5살부터 배우고 바이올린을 어디든지 들고 다녔다. 아인슈타인 스스로 과학자가 되지 않았다면 음악가가 되었을 거라고 말했다,

"나의 직감에서 상대성이론이 나왔고 그 직감은 바로 음악에서 나왔다. 내가 5살 때 부모님이 가르쳐 준 바이올린 덕분에 음악에 심취하여 살게 되었다. 음악은 나한테 어려운 문제를 만날 때마다 버티게 도와주는 친구가 되었다."

음악과 수학은 밀접한 관련이 있다고 한다. 고대 철학자들은 모두 음악과 철학, 수학을 하나의 학문으로 연구하였다. 수학자 피타고라스로부터 7음계가 발전하였다고 한다. 자신의 끈기와 지구력의 원천이 음악이라고 말한 아인슈타인 때문이 아니라 우리 자녀들의 정서적 안정을 위하여 자녀들에게 악기 하나는 가르치라고 권하고 싶다. 클래식을 들으면 정서적으로 안정되고 행복해진다. 음악은 시간의 예술이고 귀를 열어 듣지 않으면 의미가 없다고 한다. 그건 그렇다. 귀를 열어 환상의 콤비네이션으로 울려퍼지는 소리를 들으면 극도의 행복감을 느끼게 된다.

나는 이렇게 생각한다. 음악은 귀를 열고 마음을 내려놓고 아주 평화로운 마음으로 모든 고통과 번민을 내려놓고 그냥 듣는 것이다. 그러므로 마음을 비워야 한다. 그 마음 가운데 음악이 흘러넘치게 해야 한다. 그냥 누가 작곡했는지 어떤 악기들이 어우러져 화음을 만들어 내는지 아무것도 알려고 하지 말고 조용히 눈을 감고 들으면 된다.

그러다 보면 그곳에 평화로움이 흘러넘치고 행복감이 흘러넘쳐 내 속에 굽이굽이 쌓인 먼지를 털어내줄 것이다. 그것이 음악이라고 말하고 싶다. 나는 음악을 들으며 잠을 잘 때가 가장 행복하다. 조용히 눈을 감고 잠을 자라. 천국에 가 있을 테니.

6

자녀에게
모범을 보여라

예전에 프랑크푸르트의 괴테 생가에 간 적이 있었다. 아담한 거실 옆방에 있는 서재에 들어가보았다. 아늑한 느낌이 드는 곳이었다. 집안 전체가 사람이 조금 전까지 살았던 곳처럼 아늑하고 따뜻한 느낌이었다. 햇살이 잘 드는 창으로 책을 읽었으리라. 괴테의 어머니는 밤마다 괴테에게 책을 읽어주었다고 한다. 전래동화 같은 것이었다고 한다.

그런데 끝까지 읽어주지 않고 클라이맥스까지만 읽어주었다고 한다. "아가야, 네가 마음이 가는 대로 정하렴. 작가란 하나님처럼 세상을 창조하는 사람이란다."라고 말했다. 괴테 어머니의 독특한 독서법 때문에 그렇게 유명한 책들이 탄생되었다고 해도 과언이 아니다.

괴테의 저서로는 『젊은 베르테르의 슬픔』, 『파우스트』, 『빌헬름 마이스터의 수업시대』 등이 있다. 어떻게 창의적으로 자녀를 양육할 것인가? 괴테의 어머니처럼 독특한 독서법으로 아이의 창의력 지수를 높여주는 방식도 재미있을 것 같다. 요즘에는 이런 동화책들도 서점에 많이 나와 있다.

나는 진경이를 기를 때에 욕심이 앞서서 많은 부분을 실수하였다. 초등학교 1학년 때부터 문제은행이라는 문제집을 사다 놓고 문제를 풀게 하였다. 구몬 수학, 공문 수학, 웅진 씽크빅, 기탄 수학 등 무수히 많은 문제집을 사다 놓고 아이가 공부를 싫어하게 만들었다.

내가 잘한 것이 하나 있는데 그것은 독서였다. 나는 늦게 대학에 들어가 공부를 하기 시작했다. 그리고 소설을 쓰기 시작했다. 그러다 보니 아이들에게 늘 책을 읽고 글을 쓰고 있는 모습을 보여주었다. 남편은 지금은 아이들이 몰라도 철이 들면 나를 본받아 열심히 공부하게 될 거라고 계속 대학원에 가고 박사학위까지 받기를 권했다. 그러나 그러질 못했다.

진경이는 첼로를 아주 잘하고 싶어 했다. 그런 진경이를 혼자 상처받게 놔둘 수가 없었다. 일단 진경이의 자존감을 회복하게 해주고 싶었다.

숭의여대에서 2001년 신춘문예에 「망발풀이」로 당선을 하고 숙명여대 국문과에서 다시 공부하고 있을 때였다. 실기 시험만 보면 상처받고 침대에 엎드려 우는 진경이를 보는 것이 너무 마음 아파서 숙명여대 졸업을 한 후 대학원을 진학하지 않았다.

"그래, 진경아! 너랑 나랑 한번 해보는 거야! 이제부터 엄마는 코치고 너는 올림픽에 나가는 선수인 거야. 더 이상 상처받지 말자."

나와 진경이는 의견 일치를 보았다. '할 수 있다. 우리는 해낼 수 있다.' 매일 그렇게 말하며 강남과 목동과 시청 앞을 왔다 갔다 했다. 시청 앞은 예원학교, 강남은 첼로 레슨 받으러, 우리 집은 목동 아파트였다. 진경이는 매일 차에서 밥 먹고 차에서 자고 차에서 공부하였다.

진경이는 군소리 한마디 없이 그것을 다 해낸 아이였다. 동환이는 늘 아빠 몫이었다. 아빠가 회사에서 늦게 올 때가 많았는데, 그러면 동환이는 혼자서 학교 가고 학원을 다녔다. 당시 초등학교 2학년이었다.

가족의 도움이 없었다면 진경이는 끝까지 못 해냈을지도 모른다. 음악가는 누군가의 인생을 먹고 산다는 말이 있다. 그 말에 공감한다. 이제는 첼로를 잘 시켰다고 생각하며 연주하는 딸을 바라보면 흐뭇하고 자랑스럽지만, 그때는 '너는 눈부시지만 나는 눈물겹다'는 말이 정확한 표현이었다. 지금은 어려운 여건 속에서도 끝까지 해낸 진경이가 그저 자랑스럽다.

우리 부부는 두 아이와 함께 성장했다고 해도 과언이 아니다. 유난히 사랑이 많은 남편은 아이들을 참 많이 사랑한다. 남편도 애들하고 똑같이 집안 어지럽히며 장난감을 가지고 놀았다. 억지로 아이들을 잘 키우려고 놀아주는 것이 아니고 진정으로 본인이 재미있게 놀았다. 나는 아이를 셋 키운 셈이다. 아이들이 유치원 다닐 때는 유치원생처럼 아이들과 바닥에서 기어 다니며 놀고 커튼 뒤에 숨어 있었다. 그냥 어쩌다 한번 놀아주는 것이 아니었다. 시간만 나면 애들과 똑같이 놀았다. 나는 화가 날 때도 많았다. 집안을 아이들과 똑같이 어지럽히고 놀기 때문이었다.

매일 그랬다. 진지한 곳이 한 군데도 없는 남편이었다. 나는 정말 남편이 철이 없는 줄 알았다. 아이들이 성장하면서 남편도 조금씩 어른이 되어갔다. 우리 아이들에게는 가장 편한 사람이 아빠가 되었다. 아이들에게 첫 번째로 자기편이 되어줄 것 같은 사람도 아빠이다.

나는 가끔 서운할 때가 있다. 어디 놀러 가자고 해도 아이들하고 같이

가야 재미있다고 아이들 일정에 맞춘다. "나하고 둘이 가면 안 될까?" 하면 남편은 "애들 데려가야 재밌지."라고 말한다. 처음에는 서운했는데 지금은 그렇지 않다. 그런 남편이 고맙다. 그리고 복수를 결심하고 있다. '진경이 시집만 가봐라. 나한테 놀자고 사정을 할 것이다.' 그러면서 기다리고 있다. 진경 바라기 남편이기 때문이다. 주변의 지인들이 진경이가 시집을 못 가면 분명히 아빠 때문일 거라고 한다. 아빠 같은 남편을 찾는데 요즘 그런 사람이 어디 있겠는가?

어느 정도였는지 알면 놀랄 것이다. 유석초등학교 다닐 때였다. 진경이가 초등학교 5학년 때 남편은 출근도 미루고 30분 일찍 진경이의 학교에 가서 반마다 찾아다니며 선생님들께 부탁을 드렸다.

"진경이가 무대에서 너무 떨어서 그러니 수업 시작하기 전에 친구들 앞에서 3분만 첼로를 연주해보면 어떨까요?"

나는 창피해서 밖에 서 있었다. 아빠는 첼로를 들고 진경이 손을 잡고 하루에 한 반씩 다니며 첼로를 연주하게 하였다. 진경이는 싫다고 하지 않았다. 진경이가 무대에서 떨고 실력 발휘하지 못하는 것이 안타까워 생각해 낸 것이다. 지금 생각하니 아빠가 좋은 것은 다 해준 셈이다.

남편한테 내가 말했다.

“당신은 애들한테 받은 포인트 점수가 높아서 좋겠다. 나한테 도토리 좀 나누어주지.”

그러자 “하는 거 봐서.”라고 답한다. 우리는 아이들을 같이 키웠다. 물론 남편이 회사에 있는 시간에는 내가 전담했다. 그러나 남편은 언제나 전적으로 도와주었다. 나는 그런 남편이 있어서 아이들 키우는 데 힘들다고 생각해본 적이 없다. 물론 내가 아이들을 혼내고 나면 아이들 방에 들어가서 1시간 넘게 아이들과 같이 엄마 흉이나 보고 나온 남편이었지만 고맙다. 그렇게 해주어서 아이들이 밝게 자라주었다.

나는 다시 태어나도 남편과 결혼한다고 늘 말한다. 남편은 생각해본다고 한다. 그럴 것이다. 내가 좀 독선적일 때가 많다. 7남매의 맏이로 자라서 나의 의견이 곧 부모님의 의견이었다. 내가 정하면 다 따랐다. 그런데 시집와서 고생이 많았다. 일곱째인 남편은 착한 아들, 효자 아들이었고 모든 일은 나의 책임이었다. 시집살이한 걸 책으로 엮으면 7권짜리 전집을 낼 수 있다. 조선왕조실록에 나오는 왕비열전이 따로 없을 것이다.

그래도 착한 남편이 모두 덮어주고 나를 많이 도와주었다. 결혼하고 나서 사회생활을 접었지만, 모임에 나가면 누가 봐도 나는 자신감 있고 당당해 보인다고 한다. 그것은 다 남편 덕택이다. 무슨 짓을 하든 무슨 말을 하든, 다 내가 옳다고 한다. 중요하고 어려운 자리에 같이 나갔다가 돌아오는 차 안에서 "나 아까 실수한 것 없어? 나 오늘 너무 말이 많았던 것 같아. 실수 많이 한 것 같아!" 하면 남편은 "아니, 실수한 것 없어."라고 말한다. 분명히 말실수인 걸 내가 잘 아는데도 남편은 한 번도 나에게 지적한 적이 없다. 다 잘했다고 한다. 하지만 나는 맨날 지적한다.

"당신, 아까 와인 너무 많이 마셔서 얼굴 빨개졌어. 난 술 마시고 얼굴 빨개지는 남자 정말 매력 없더라."

뭐 이런 식이다. 나의 이런 모습들, 정말 후회한다. 나의 이런 모습들. 아이들이 엄마의 진취적인 모습만 본받고, 아빠의 너그러움을 본받기를 바란다.

자녀의 자질에 따라 다르게 키워라

자녀의 자질에 따라 다르게 키워라. 어찌 보면 당연한 말을 하고 있는지 모르겠다. 그런데 그렇지가 않은 분들이 많은 것 같다. 아이를 키울 때 제일 간과하기 쉬운 일이 관찰하는 것이다. 이 아이는 무엇을 좋아하는지, 무엇을 잘하는지, 쉼 없이 관찰하고 세심히 보아야 한다.

하버드대 심리학 교수 하워드 가드너의『지능교육 넘어 마음교육』이라는 책을 소개하겠다. 아이들은 아이큐와 상관없이 자기만의 독특한 재능을 가지고 있다. 나는 성공자란 자신이 가진 재능을 꾸준히 발전시켜 궤도에 오른 사람이라고 정의하고 싶다. 하워드의 다중지능 이론에 따르면 8개의 요소로 구성되어 있다.

1. 언어지능 : 글을 쓰고 말하는 능력과 관계된다. 이 지능이 높으면 언어를 빨리 습득하고, 글을 잘 쓰고 말을 유창하게 잘한다. 시인이나 소설가는 대체로 언어지능이 높다.

2. 논리-수학지능 : 논리적 기호나 숫자를 이해하고 다루는 능력과 관계된다. 셈이 빠르고 논리적 퍼즐을 잘 푸는 사람이 이 지능이 높다. 컴퓨터 프로그래머에게 특히 요구되는 지능이다.

3. 시각-공간지능 : 입체 공간 인지 능력과 관계된다. 길눈이 밝은 사람, 디자인이나 그림 그리기에 능한 사람 등이 이 지능이 높으며 디자이너나 건축설계사에게 요구되는 지능이다.

4. 음악지능 : 리듬, 멜로디, 화음 등을 인지하고 사용할 수 있는 능력과 관계가 있다. 한 번 들은 노래를 곧 따라 부를 수 있거나 음감이 뛰어난 사람은 이 지능이 높다. 음치나 박치라면 이 지능이 낮은 것이다. 음악가나 작곡자에게 요구되는 지능이다.

5. 신체-운동지능 : 몸의 움직임을 조정할 수 있는 능력과 관계된다. 어떤 운동 동작이나 춤 동작을 쉽게 습득할 수 있다면 이 지능이 높은 것이고, 어려서부터 몸치였다면 이 지능이 낮은 것이다. 운동선수나 댄서

에게 특히 요구되는 지능이다.

6. 자연지능 : 자연에 있는 사물이나 현상을 분간하고 분류해 낼 수 있는 능력과 관계된다. 주변에 있는 나무나 꽃의 종류나 이름을 분간해 낼 수 있는 사람은 이 지능이 높다고 할 수 있다. 동물학자, 식물학자 등에게 필요한 지능이다.

7. 대인지능 : 다른 사람의 마음 상태나 의도를 파악하고 대인관계를 맺고 유지하는 능력과 관계된다. 한마디로 눈치가 빠른 사람들이 이 지능이 높으며, 분위기 파악이 잘 안 되는 사람은 이 지능이 낮은 것이다. 뛰어난 리더십을 위해 필수적인 지능이다. 영업사원이나 정치인에게 필요한 지능이다.

8. 자기이해지능 : 자기 자신의 생각과 느낌, 감정 상태를 스스로 파악하고 통제하는 능력과 관계가 있다. 이 정서 지능은 아이큐의 핵심 요소이며 자신의 충동을 통제하고 감정을 조절하는 능력과 직결된다. 자기이해지능은 그 자체로 특정한 직업과 관련이 있지 않다. 오히려 다른 모든 지능이 효율적으로 발휘될 수 있도록 돕는 지능이다.

자기이해지능은 감정 조절 능력이다. 자신의 감정 상태에 대해 정확히 인지하는 능력을 말한다. 어떤 분야에서든 성공하기 위해서는 인간관계가 깔려 있다. 인간관계를 잘 맺고 유지하고 갈등을 관리하는 능력이 바로 인성 지능이다. 그래서 자기이해지능은 위의 7가지 요소들의 윤활유 같은 역할을 한다.

자기이해지능을 높이기 위한 최고의 훈련은 명상이다. 명상 훈련을 많이 하면 자기이해지능이 높아지고 감정 조절을 자유롭게 한다. 진경이는 고등학교 1학년 때부터 명상 훈련을 해왔다. 나는 억울한 일이 생기면 흥분하고 며칠 동안 끙끙대며 고민한다. 선천적으로 좋은 성품을 타고난 사람인 남편은 그러지 않는다. 이것은 자기이해지능이 발달해 있기 때문이다. 진경이는 명상 훈련도 해왔고 성격도 타고난 긍정주의자라서 크게 화를 내는 일이 별로 없다.

자녀의 자질이 어떤 지능이 발달하여 있는가를 관찰하고 그에 따라 재능을 발전시켜 나간다면 성공할 것이다. 성취도에 따라 성공자가 되거나 평범한 삶을 살게 되겠지만 자신의 재능이 어느 곳에 편중되어 있는가를 알아내는 것은 매우 중요한 일이다.

진경이는 공부, 스키, 스케이트, 수상스키, 농구, 수영, 리듬체조, 발레, 바둑, 그림, 테니스, 골프, 피아노, 바이올린, 첼로 등을 시켜보며 관찰하였다. 진경이는 본인이 첼로를 선택하였고 그것을 25년째 하고 있다. 나는 중학교 졸업할 때까지 중간중간 여러 번 물어봤다.

"너 꼭 첼로를 하고 싶니? 진짜 첼로가 좋아? 지금 그만둬도 절대로 뭐라고 안 할게."

그때마다 진경이는 첼로가 하고 싶다고 했다. 그랬던 아이도 독일 유학 가서 첼로를 세워두고 정말 이 길일까 고민한 시간들이 있었다고 했다.

동환이는 처음부터 과학자가 되겠다고 했다. 처음에는 별로 신경을 쓰지 않았다. 동환이가 꾸준히 천체 물리학책 같은 것만 봐서 과학을 잘하면 다른 과목도 잘할 것이라 여겼다. 그래서 4살부터 CBS 과학영재반에 데리고 다녔다. 그냥 좋아하니까 내버려두긴 했지만, 막상 대학 원서를 쓸 때 동환이에게 거짓말을 했다. '서울대 물리학과는 14명밖에 안 뽑으니, 많이 뽑는 전기전자 컴퓨터 공학부에 원서를 넣어보자'고 했다.

나는 동환이가 현재 별로 인기가 없는 물리학을 전공하여 대치동 학원 선생님이 될까 봐 걱정했다. 동환이 친구 엄마들의 이야기에 따르면 대치동 학원 선생님 중에 서울대 물리학과 나온 선생님이 많다는 것이었다. 학원 선생님이 너무 힘들다는 걸 알기에 나는 동환이에게 살짝 거짓말을 하였다. 그런데 막상 전기공학과에 입학한 동환이는 공부에 흥미를 잃어가기 시작했다.

만화 동아리에서 활동하며 공부는 뒷전이었다. 나중에야 알게 되었다. 전기공학과에서 공부하는 것이 재미가 없던 것이었다. 그래서 겨우 시험만 보면서 시간만 보내다가 물리학과를 복수 전공하겠다고 했다. 내가 입학 원서 낼 때 살짝 틀어버린 것이 문제였다.

동환이가 복수전공을 끝내고 대학원은 물리학과로 가겠다고 했다. 지금은 소립자 실험물리학 연구실에서 연구원으로 박사과정을 수료했다. 나의 현실적인 욕심으로 동환이가 2년 정도를 돌아가게 만든 것이다. 하지만 그것은 본인이 정말로 물리를 좋아하고 있었다는 걸 확인하는 계기가 되었다. 4살 때부터 한 번도 바뀌지 않는 꿈이 어디 있겠는가? 나는 의구심이 들었다. 그냥 타성에 젖어서 물리를 전공하겠다고 하는지 모를 일이라고 독단적으로 생각했던 내가 부끄러워졌다.

지금은 세종시에 있는 실험실과 연구실을 오가며 열심히 연구하고 있는 동환이가 자랑스럽다. 가속기 물리실험이 잘되어 가고 있다고 듣고 있다. 9월 즈음 스위스의 CERN(썬) 세계 최대 입자물리연구소로 가게 될 것 같다.

딸은 첼리스트로서 자기의 길을 확고하게 가고 있고, 아들은 소립자 실험물리학 연구원으로 당당하게 자신의 길을 가고 있다. 그리고 지금 나는 두 아이를 길러본 경험을 이 책에 진술하고 있다. 혹시 내 아이에게 어떤 재능이 숨겨져 있는지 고민되는 분은 전문가의 도움을 받을 수 있다. 인터넷 정보화 시대에 널려 있는 정보를 자기만의 멘토로 활용할 줄 아는 훌륭한 부모님들이 많아서 대한민국의 앞날은 더욱 밝다고 나는 생각한다.

나는 부탁드리고 싶다. 무엇이든 정했으면 꾸준히, 끈기 있게, 끝까지 해내길! 그리하여 내 자녀를 위대하게 키우기를 기도한다. 대한민국의 모든 위대한 어머니들, 파이팅!!

에 필 로 그

좋아하는 일을 하며 사랑하는 사람과 함께하기를

바람이 불었다. 비가 후두둑후두둑 창가를 때리고 흘러내리고 있다. 어떻게 무얼 썼는지 생각이 나지 않는다. 무엇에 쫓기듯이 토해내듯이 나의 기억들을 하나하나 끄집어내면서 커서가 깜빡이는 노트북을 노려보며 글을 썼다. 나의 지나간 아름다웠던 기억, 아팠던 기억, 아쉬웠던 기억, 모두 끌어내어 이제는 모두 이 책에 저장하였다.

홀가분하다. 나는 열심히 살아왔다. 속상했던 기억은 모두 잊고 행복했던 기억만 저장하겠다. 그럴 수 있어서 행복하다. 끝이 좋으면 다 좋은 것이라는 말이 있지 않은가. 아직도 우리 부부에게는 많은 시간이 남아 있을 것이다.

그래도 이 책에 아이들을 키웠던 나의 진솔한 이야기를 담아낼 수 있어서 행복했다. 아이들도 각자 자기들이 원했던 꿈을 향해 아직도 나아가고 있다. 좋아하는 일을 할 수 있어서 다행이다. 사랑하는 사람과 함께

하며 좋아하는 일을 하고 산다면 그것이 행복이라고 생각한다. 건강하면 더 좋다.

이 책을 쓰는 동안 행복하였다. 난 집 근처의 스타벅스에서 이 글을 썼다. 가끔 집 서재에서도 새벽까지 글을 쓰곤 했다. 나에게 아직도 글을 쓰고자 하는 열망이 내재해 있었다는 것이 신기하기만 했다.

밤을 하얗게 새워 먼동이 트는 새벽, 참새가 나뭇가지에서 지저귀는 소리를 들으면 뿌듯하였다. 시험공부를 하다가 새벽을 맞이하던 여고생이 된 기분이었다.

2001년 광주일보 신춘문에에 당선되었다는 소식을 듣던 12월의 어느 날, 하얗게 공중에서 춤을 추며 눈이 내리던 날의 축복을 잊지 못하였다.

20년 동안 고이 접어 숨겨두었던 연인의 편지를 꺼내어 읽어 내려가는 것처럼 숨 가쁘게 글을 써 내려갔다.

좋아하는 일이란 이런 것이었다. 그러니 나는 참 잘하였다. 아들, 딸 모두 좋아하는 일을 전공하게 되었으니 말이다. 나도 남편도 모두 자기가 원하는 일을 하며 함께할 수 있어서 행복하다. 내가 아는 모든 분이 건강하고 행복했으면 좋겠다. 내가 요즘 만나는 모든 분이 나에게 좋은 영감을 준다. 그래서 그들도 행복했으면 좋겠다. 노년을 행복하고 건강하게 살았으면 좋겠다.

2020년 5월 20일 내 인생에 잊지 못할 날이 되었다. 마지막 장을 쓰고 새벽을 맞이하였다. 참새가 창가 단풍나무 가지에서 지저귀는 소리를 들으며 나는 아침이 온 것을 알았다. 하얀 새벽의 뿌듯한 행복을 느끼게 해준 글쓰기였다.